中国主要作物绿色高效施肥技术丛书

苹果
绿色高效施肥技术

葛顺峰　姜远茂　马　雪◎主编

中国农业出版社

北　京

内容简介

　　本书针对我国苹果园施肥技术不科学带来的化肥用量大、环境代价高等问题，重点阐述了苹果产业现状、苹果园土壤养分和肥料投入现状、苹果高效施肥原理、匹配苹果营养需求的绿色高效肥料产品、绿色高效施肥技术和应用效果。

　　本书可供园艺学、土壤学、植物营养学相关专业的高校师生、研究人员阅读，也可供化肥生产人员、农业技术推广人员，以及农业及环境部门的决策、管理人员参考。

丛书编委会

主　编　叶优良　张福锁　刘兴旭

副主编　张庆金　任荣魁　刘锐杰

编　委（以姓氏笔画为序）

马文奇　马延东　王　敏

王宜伦　石孝均　刘学军

刘艳梅　孙志梅　汪　洋

张　影　张丹丹　张书红

张跃强　陈永亮　岳艳军

赵亚南　姜远茂　秦永林

郭世伟　郭家萌　郭景丽

梁　帅　梁元振　葛顺峰

董向阳　樊明寿

本书编委会

主　编　葛顺峰　姜远茂　马　雪

副主编　朱占玲　姜　翰　周文阳

参编人员（以姓氏笔画为序）

马双艳　王金星　王海云

刘光福　李　磊　张冲冲

陈　汝　傅国海

前　言

　　我国苹果产业发展迅速，目前栽培面积和产量均居世界第一位，苹果产业已成为果区农民持续增收和乡村振兴的重要支柱产业之一。总结几十年苹果产业发展历程，我国苹果科研取得显著进展，特别是在苹果幼树早期丰产、成龄树高产稳产等方面进行了系统深入研究，成果丰硕，产量水平不断提高，经济效益提升显著。但是，也要认识到当前我国苹果生产还处于"高投入、高产出、高环境代价"阶段，对化学肥料的依赖度非常高，如氮肥单位面积施用量是意大利、美国等苹果生产强国的3～5倍，不仅导致肥料利用效率下降、果实品质降低和生产成本增加，还带来了土壤质量下降、水体污染加重和碳排放增加等环境问题，制约了苹果产业绿色高质量发展。

　　党的二十大提出要推动绿色发展，促进人与自然和谐共生。2023年中央1号文件强调，全面深入推进农业绿色发展，建设农业强国，已成为中华民族伟大复兴的历史使命。为此，提高苹果科学施肥水平，减少化学肥料投入，成为苹果产业实现绿色发展的迫切需求。我们对当前苹果养分投入现状进行了深入分析，发现造成苹果园施肥量较高的原因主要在于：一是建园条件差，土壤有机质含量低；二是土壤管理粗放，土壤障碍加重；三是施肥技术不科学，重化肥轻有机肥，重大量元素轻中微量元素，重生长季追肥轻采果后基肥；四是绿色新型专用产品缺乏；五是科学施肥技术到位率低。为此，我们在明确了苹果生长发育规律、养分需求规律和产量品质形成规律的基础上，以提质增效为核心，系统开展了苹果园土壤高效增碳、化肥精准高效施用等技术的研发和高效专用肥料产品的创制等工作，以期达到指导我国苹果园绿色高效施肥的目的。

本书是我们近十几年来苹果绿色高效施肥研究工作的总结，在编写过程中参考了大量国内外同行研究成果，得到山东农业大学果树专家束怀瑞院士和中国农业大学植物营养专家张福锁院士的亲切指导，刘晶泉、邢玥、田歌、徐新翔等同志做了许多具体工作，在此一并表示感谢！

由于编者水平有限，书中不足之处在所难免，欢迎广大读者批评指正。

编　者
2024年10月

目　录

PART 01 第一章
苹果产业现状

第一节　苹果栽培区域分布情况

中国是世界上最大的苹果生产和消费国，2022年我国苹果栽培面积和产量分别为195.58万公顷和4 757.18万吨，面积和产量均占世界的一半左右。在陕西、山东、山西、甘肃、河南、河北、新疆等苹果生产优势地区，苹果产业作为经济发展的支柱产业，为当地农业增效、农民增收和乡村振兴作出了巨大贡献。

经过20余年的布局调整，我国苹果生产向资源条件优、产业基础好、出口潜力大和比较效益高的区域集中，形成了渤海湾、黄土高原、黄河故道、西南冷凉高地及新疆和黑龙江等优势和特色产区。渤海湾和黄土高原两个苹果优势产业带，是世界优质苹果生产的重要产区，生态条件与欧洲、美洲各国著名苹果产区相近，与日本、韩国相比有明显的优势，尤其是黄土高原产区海拔高、昼夜温差大、光照强，苹果品质优良。

2022年，渤海湾和黄土高原苹果生产优势区苹果栽培面积占全国苹果种植面积的比重达到了77.96％，产量比重达到了79.46％，而且近年来相对比较稳定（表1-1）。但是近二十年来不同产区的种植面积和产量贡献份额发生了较大的变化，渤海湾苹果产区苹果种植面积逐渐减少，其产量贡献份额也随之减少，而黄土高原产区苹果种植面积逐渐增加，其产量贡献份额也大幅度增加。2022年，渤海湾地区苹果种植面积为49.21万公顷，产量

1 551.10万吨，分别占全国的25.16%和32.60%。其中，近年来山东省的种植面积持续减少，由2000年的44.43万公顷减少到2022年的24.02万公顷，但是产量却由647.66万吨增加到1 006.42万吨；辽宁、河北两省的种植面积相对稳定。2022年，黄土高原苹果产区苹果种植面积为103.26万公顷，产量2 229.06万吨，分别占全国的52.80%和46.86%。其中，陕西、甘肃两省苹果种植面积增加速度较快，陕西由2000年的39.55万公顷增加到2022年的61.61万公顷，而甘肃近二十年来苹果栽培面积增加了近9万公顷。其他苹果产区，如四川、云南、黑龙江等冷凉地区具有明显的区域特色，近年来种植面积略有增加。新疆苹果产区苹果产业发展迅速，苹果栽培面积和产量由2000年的3.46万公顷和29.97万吨，增加到2022年的8.71万公顷和213.86万吨，面积和产量增幅高达152%和614%。

表1-1　2022年不同产区苹果种植面积和产量

区域	省份	面积（万公顷）	面积占比（%）	产量（万吨）	产量占比（%）
渤海湾产区	山东	24.02	12.28	1 006.42	21.16
	河北	11.52	5.89	265.58	5.58
	辽宁	12.99	6.64	273.66	5.75
	北京	0.46	0.24	2.88	0.06
	天津	0.22	0.11	2.56	0.05
黄土高原产区	陕西	61.61	31.50	1 302.71	27.38
	山西	13.34	6.82	418.32	8.79
	甘肃	25.64	13.11	475.88	10.00
	宁夏	2.67	1.37	32.15	0.68
黄河故道产区	河南	10.43	5.33	421.23	8.85
	江苏	2.82	1.44	57.16	1.20
	安徽	1.10	0.56	35.74	0.75

（续）

区域	省份	面积（万公顷）	面积占比（%）	产量（万吨）	产量占比（%）
西南冷凉高地区	云南	5.59	2.86	71.65	1.51
	四川	4.80	2.45	90.75	1.91
	贵州	3.27	1.67	31.54	0.66
其他特色产区	新疆	8.71	4.45	213.86	4.50
	黑龙江	0.95	0.49	14.04	0.30

资料来源：国家统计局。

第二节 我国苹果产量和收益情况

一、我国苹果栽培面积和产量

国家统计局统计数据显示，2022年我国苹果栽培面积和产量分别为195.58万公顷和4 757.18万吨（图1-1）。与20世纪80年代至20世纪末这段时间相比，进入21世纪以来，中国苹果种植面积变化较小，基本稳定在190万～200万公顷（图1-2）。随着生产管

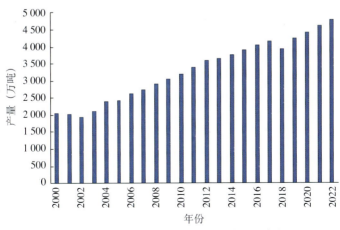

图1-1 2000—2022年中国苹果栽培面积变化

理水平的不断提高和生产资料投入的不断加大，苹果总产量一直在稳步提高，2022年苹果总产量比2000年翻了一番（图1-2）。

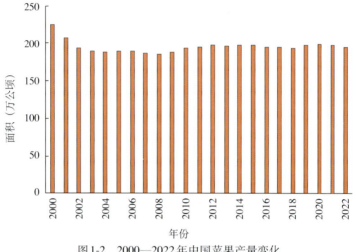

图1-2　2000—2022年中国苹果产量变化

二、我国苹果单产情况

近年来我国苹果单产水平也一直在稳步提升，2022年我国苹果单产为24.32吨/公顷，与2000年相比，单产水平增加了15.26吨/公顷，增幅高达168%（图1-3）。虽然我国苹果单产水平一直在稳步提升，但是与苹果生产发达国家的单产水平相比（30～50吨/公顷），我国苹果单产仍处于较低水平，且单位面积投入量较高，因此我国苹果竞争力远远落后于新西兰、美国、法国、意大利等苹果生产发达国家。产量是多因素（如自然气候条件、品种、栽培模式、土肥水管理、修剪和病虫害防治等）综合作用的结果。通过综合分析比较，发现栽培模式、集约化程度和土壤管理是影响国内外苹果单产差距的主导因素，如栽培模式上，单产水平较高的国家苹果园采用矮砧密植栽培模式的比例较高，美国为50%～55%，这种栽培模式具有结果早、易管理、经济系数高的特点，而我国目前矮砧密植果园的比例仅为10%左右，绝大多

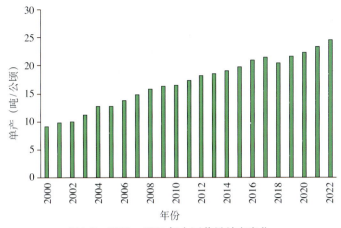

图1-3　2000—2022年中国苹果单产变化

数仍采用乔砧密植栽培模式，这种模式的特点是结果晚、难管理、经济系数低；集约化程度上，国外发达国家苹果园逐渐向大农场发展，经营规模不断扩大，如美国平均每户经营200公顷，而我国平均每户不足0.5公顷，导致生产技术标准化程度低、机械化程度低、劳动生产率低，从而影响产量的提高；土壤管理上，国外苹果生产发达国家普遍采用水肥一体化的灌溉和施肥体系，并结合土壤和叶片分析指导和调整施肥方案，地面管理为果园行间生草和行内覆盖，而我国苹果园施肥仍以经验为主，施肥方法不科学，地面管理以清耕为主，近10年来才开始逐渐接受果园生草管理制度。

　　不同产区间苹果单产存在较大差异（图1-4）。从栽培面积较大的苹果生产省份来看，山东省和河南省苹果单产水平处于较高水平，达到了41.90吨/公顷和40.39吨/公顷，接近苹果生产发达国家水平；其次是山西省，单产达31.36吨/公顷；陕西省、辽宁省和河北省苹果单产水平偏低，约为21吨/公顷；苹果单产水平最低的是甘肃省，仅为18.56吨/公顷，一方面与当地管理水平较低有关，另一方面与该产区新栽幼树较多有关，尚有部分果园未进入盛果期。

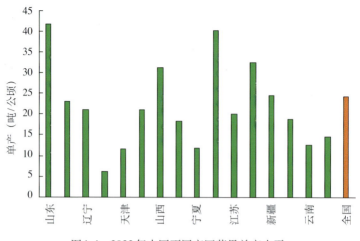

图1-4　2022年中国不同产区苹果单产水平

三、我国苹果收益与生产成本情况

近年来，虽然苹果单产水平在不断提高，但是苹果生产效益空间却不断缩小，这主要与生产成本的不断增加有关。从表1-2可以看出，2017年全国苹果生产环节总成本平均每亩＊为4 887.61元，比2007年增加了2 493.18元，增幅达104%。其中，物质与服务成本和土地成本变化不大，2017年比2007年分别仅增加了98.57元和100.53元，这两者对生产成本增加的贡献仅为8%。这就意味着92%的生产成本的增加来源于人工成本，2007年苹果生产环节人工成本平均每亩为816.88元，到2017年激增到3 110.96元，增加了280.83%，平均每年增加229.41元。可以看出苹果生产成本的增加是由持续上涨的人工成本推动的。但是人工成本的持续增加对于产值的影响却较小，2017年每亩产值为6 797.22元，比2007年增加了40.53%，明显低于人工成本的增加幅度（280.83%）。因此，人工成本的不断增加严重挤压了生产者的利润空间。

＊　亩为非法定计量单位，1亩＝1/15公顷。——编者注

表1-2　2007年和2017年中国苹果生产成本与收益情况

生产成本与收益	2007年	2017年
产量（千克/亩）	1 726.80	2 108.66
产值（元/亩）	4 837.00	6 797.22
总成本（元/亩）	2 394.43	4 887.61
生产成本	2 174.35	4 567.00
物质与服务费用	1 357.47	1 456.04
人工成本	816.88	3 110.96
家庭用工折价	463.76	2 116.06
雇工费用	353.12	994.90
土地成本	220.08	320.61
净利润（元/亩）	2 442.57	1 909.61
成本收益率（%）	102.01	39.07

肥料成本是生产物质成本中非常重要的部分。2002年以来，中国苹果化肥使用成本快速升高且所占生产物质成本的份额一直最高，2011年达到最高为520.23元/亩，之后稍有回落，但仍维持在较高水平，2017年为441.01元/亩。平均看来，化肥成本约占生产物质成本的30%，苹果种植中化肥使用成本与苹果市场的需求变化相关，也与化肥的零售价格和苹果的出售价格密不可分。苹果售价的上升是诱导果农增加化肥施用的主要原因，1998—2011年中国化肥的零售价格指数，以年均上升3.48个百分点的速度增长，中国苹果售价指数由1998年的100上升到2011的222.9，年均上升8.78%，其上涨幅度是化肥价格指数的2倍多，表明化肥使用稍微增加一些，苹果售价增加幅度就更大，苹果增产和果农增收，极大地促进了果农使用化肥的积极性。

第三节 苹果产业面临的新形势和发展趋势

一、我国苹果产业面临的新形势

（一）土地政策提出新挑战

2020年9月，国务院办公厅发布《关于坚决制止耕地"非农化"行为的通知》（国办发明电〔2020〕24号），提出"六个严禁"；11月，国务院办公厅发布《关于防止耕地"非粮化"稳定粮食生产的意见》（国办发〔2020〕44号），严禁违规占用永久基本农田种树挖塘，禁止占用永久基本农田从事林果业以及挖塘养鱼、非法取土等破坏耕作层的行为。陕西省人民政府办公厅出台《关于严格耕地保护坚决制止耕地"非农化"行为的实施意见》（陕政办发〔2020〕28号），明确指出禁止任何单位和个人占用永久基本农田发展林果业和挖塘养鱼。有关耕地保护政策的相继提出，这对苹果产业规模扩张有一定制约，对于苹果产业发展来说，既是机遇也是挑战。

（二）绿色发展提出新需求

建设生态文明是中华民族永续发展的千年大计，生态文明建设在党的十九大之后被提到了新的高度，开启了中国生态文明建设的新时代。推进苹果产业绿色发展，是贯彻党的十九大精神、落实生态文明建设新发展理念的必然要求，是守住绿水青山、建设美丽中国的时代担当，是加快苹果产业现代化、促进苹果产业可持续发展的重大举措，对保障果品安全、资源安全和生态安全具有重大意义。苹果产业绿色发展要坚持质量兴农、绿色兴农，积极推广有机肥替代化肥，化肥农药减施增效，努力实现资源节约、环境友好、生态保育和质量提升，基本形成与资源环境承载力相匹配、与生产生活生态相协调的苹果产业发展格局。

（三）提质增效成为新业态

我国农业发展已进入新的历史阶段，面临阶段性的农产品供给过剩和总量不足并存、农民增收缓慢等难题，推进农业供给侧结构性改革，不仅可以培育农业农村发展新动能，还能破解诸多难题。农业供给侧结构性改革就是调结构、提品质、去库存、降成本、促融合和补短板。对苹果产业而言，要在产区、品种结构、产业布局上做调整；通过高标准建园、省力化修剪、精准化肥水管理、精细化花果管理和商品化处理进行品质提升；通过打造高端和精品苹果产业链、实施品牌化销售增加市场占有率，减少库存；通过轻简化管理、规模化经营和机械化作业降低生产成本；通过挖掘苹果产业资源禀赋，推进一二三产融合，实现产业链的延伸和产品价值的攀升；解决小农分散经营与规模化市场、现代栽培模式与传统高强度低效益管理、化肥农药过量施用与果品质量安全之间等矛盾，补齐产业短板，推动苹果产业转型升级。

二、我国苹果产业发展趋势

（一）产业布局进一步优化，巩固优势区，强化特色区

我国现有25个省（直辖市、自治区）栽培苹果，渤海湾苹果产区和黄土高原区是两大苹果产区。近年来，苹果优势产区呈现由东向西转移的趋势，苹果栽培区域也出现从低海拔向高海拔转移的趋势。高海拔地区苹果产业蓬勃发展，如陕西延安（洛川）平均海拔1 480米，甘肃静宁平均海拔1 600～2 200米、天水1 100～1 300米，云南昭通平均海拔2 280米，四川盐源平均海拔2 560米，新疆阿克苏平均海拔1 100米，这些地区生产的苹果因光照充足、昼夜温差大、品质优异而备受消费者青睐，售价高于其他苹果产区，成为发展苹果的特色优势产区。根据我国果业发展土地政策，按照区域农业资源禀赋，生态环境适宜性原则，结合苹果产业发展基础，按照最佳优生区、一般优生区、适生区、次生区进行科学布局与规划，巩固优势区，强化特色区。

（二）强化栽培模式创新

我国苹果的栽培模式仍以乔砧模式为主，矮砧等现代苹果栽培面积22万公顷，占全国苹果总面积的10%左右。矮砧集约栽培是主流方向，但我国由于多样化的区域特征和产业布局，在栽培

模式的选择方面，特别是砧木类型、砧木的利用方式（乔砧、矮化中间砧和矮化自根砧）、砧穗组合筛选等方面，需要根据各地的区域条件进行全面评估和选择，做到适地适栽。以科技创新推动苹果产业由传统生产向现代栽培模式转变，但绝不仅是向矮砧栽培模式转变。现代栽培模式的内涵应该包括资源使用强度小（节省肥、药、水、土地、人工）、机械化程度高（能用机械绝不用人）、环境友好可持续（保证多年以后还有果园）和资本回报率和劳动生产效率高。

（三）精准化土肥水管理技术

我国大部分果园以传统的大水漫灌为主，采用节水灌溉的果园不足13%。果园施肥以经验施肥为主，缺乏科学依据，化肥过量施用严重，每年高达217.3万吨，是美国的2.5倍；肥料利用率低，环境风险大。土肥水管理是实现优质生产的基础，沃土养根是关键，要采用果园生草、种植绿肥和有机物料覆盖等方式培肥果园地力，提高养分的有效性，结合果园植物残体还田技术，实现果园植物残体的循环利用，优化化肥与有机肥、生物有机肥、绿肥、废弃物资源配合施用技术，合理利用新型专用固体肥（包括生物有机肥、有机无机复混肥、缓控释肥料等）和多功能环保型专用液体肥及增效助剂，根据不同品种、树龄、立地条件和栽培模式下的需肥参数，进行配方施肥和水肥一体化，实现肥水管理的一体化、精细化、科学化和自动化。

（四）省力化花果管理

目前，我国苹果花果管理技术繁杂，99%的果园仍采用人工疏花疏果，每亩人工成本1 000～1 200元。果实套袋在苹果生产中仍占主导，山东苹果套袋比例几乎为100%，陕西省在90%以上，辽宁、河南、河北、山西和甘肃等省为55%～85%。苹果生产中每亩果袋、套袋人工、摘袋人工费分别为780元、780元、390元，约占果园总投入的40%。省力化的花果管理技术无疑是降低我国苹果生产成本、实现苹果提质增效的关键环节之一。通过喷施西维因、石硫合剂、萘乙酸、乙酸钙制剂等化学疏花疏果药剂，可节约用工80%，每亩降低成本800～1 000元，但使用时药剂种类、浓度、次数，天气、温度等因素都成为该项技术推广应用时必须考虑的问题。机械疏花疏果在德国、意大利等欧美国家均有使用，但因其高昂的价格以及栽培模式的限制在我国并未推广应用。但随着人工成本的增加、果园机械化水平的提升以及技术的完善，以化学和机械疏花疏果替代人工成为必然。无袋化栽培生产是今后苹果生产的发展方向，但其并不是简单的生产回归，而是要得到消费者和市场的认可，通过一系列免袋栽培的技术体系，实现省工节本，同时保证果实的外观品质、低病虫果率和食品安全。无袋栽培技术体系要涵盖产地环境优化、免套袋品种选育、宽行高干栽培模式、病虫害高效防控以及采后商品化处理等各个环节。

（五）绿色化病虫害防控技术

我国每年苹果园农药消耗量约14.1万吨，农药过量施用、盲目施用现象普遍且严重。打"保险药、放心药"已成为常态。为实现主要病虫害的有效防控，首先要摸清优势产区苹果园主要病虫害及其发生流行规律以及农药施用情况，在预测预报的基础上，筛选低毒、低残留化学农药新产品（新剂型）和长效缓控释助剂（胶体）及其组合，开发一药多效或少药多效的高效农药组合，通过高效精准施药技术与新型施药机械，明确主要病虫害的防治方法、农药品种及使用时间、方法和数量，实现对症下药、适时用药、适量用药。同时，要开发一些生物农药（微生物菌剂、农用抗生素等）、理化诱杀产品（色诱、食诱、性诱、诱/杀虫灯）等化学农药替代产品，综合采用农业防治、物理防治、生物防治等技术手段，科学合理安全用药，构建病虫害绿色防控技术体系。

苹果园土壤肥力质量状况

第一节　苹果园土壤养分状况

一、土壤有机质和速效养分

世界上一些发达国家水果生产中都比较注重有机肥的管理，使土壤有机质保持在较高的水平。例如，荷兰果园土壤有机质含量在2%以上，日本和新西兰等国苹果园土壤有机质含量为4%～8%。我国无公害苹果技术规程也要求果园有机质含量要达到1.5%以上，最好能达到3%。

总体上看，我国苹果园土壤有机质含量与优质、高产、高效生产要求相比，仍然偏低。2010—2014年，对环渤海和黄土高原两大苹果主产区的北京、山东、辽宁、河北、陕西、山西、甘肃、宁夏等8个省（自治区、直辖市）的2 827个红富士苹果园进行了土壤分析，结果表明两优势产区苹果园土壤中有机质、碱解氮、有效磷、速效钾有效养分含量总均值分别为1.13%、64.84毫克/千克、42.57毫克/千克、152.49毫克/千克（表2-1）。其中，环渤海产区有机质、碱解氮、有效磷、速效钾有效养分均值分别为1.09%、73.21毫克/千克、70.22毫克/千克、169.2毫克/千克；黄土高原产区上述各指标均值分别为1.17%、56.46毫克/千克、14.91毫克/千克、135.78毫克/千克。两产区间土壤有效养分状况相比，环渤海产区优于黄土高原产区。

表2-1　我国两大优势产区苹果园土壤有效养分含量

产区	项目	有机质 （%）	碱解氮 （毫克/千克）	有效磷 （毫克/千克）	速效钾 （毫克/千克）
环渤海	均值	1.09	73.21	70.22	169.2
	范围	0.26～5.93	2.10～729.4	1.50～800	4.18～736
黄土高原	均值	1.17	56.46	14.91	135.78
	范围	0.112～2.55	8.00～258	0.44～407	3.87～800
总均值		1.13	64.84	42.57	152.49

　　根据果园土壤有效养分分级标准（表2-2），环渤海优势产区1 412个苹果园土壤有机质含量小于1%的样本数为717个、比例为51%，大于1.5%的样本数仅为159个、比例为11%，表明环渤海优势产区有机质含量中等偏低。碱解氮含量大于85毫克/千克的样本数为467个、比例为35%，小于70毫克/千克的样本数为605、比例为45%，表明环渤海优势产区碱解氮含量中等偏低。有效磷含量小于40毫克/千克的样本数为593个、比例为42%，大于50毫克/千克的样本数为709、比例为50%，其中适宜范围样本数仅110个、比例为8%，表明环渤海产区有效磷含量呈两极分化分布。速效钾含量小于100毫克/千克的样本数为182个、比例为13%，大于150毫克/千克的样本数为819个、比例为61%，100～150毫克/千克中等水平样本数374个、比例为26%，表明环渤海优势产区速效钾含量大部分处于适宜水平。

表2-2　苹果园土壤养分分级标准

指标	极低	低	中等	适宜	高
有机质 （%）	＜0.60	0.60～1.00	1.01～1.50	1.51～2.00	＞2.00
全氮 （克/千克）	＜1.00	1.00～1.50	1.51～2.00	2.01～2.50	＞2.50

（续）

指标	极低	低	中等	适宜	高
碱解氮 （毫克/千克）	< 50	50 ~ 75	76 ~ 95	96 ~ 110	> 110
有效磷 （毫克/千克）	< 10	10 ~ 20	21 ~ 40	41 ~ 50	> 50
速效钾 （毫克/千克）	< 50	50 ~ 100	101 ~ 150	151 ~ 200	> 200
有效锌 （毫克/千克）	< 0.30	0.30 ~ 0.50	0.51 ~ 1.00	1.01 ~ 3.00	> 3.00
有效硼 （毫克/千克）	< 0.20	0.20 ~ 0.50	0.51 ~ 1.00	1.01 ~ 2.00	> 2.00
有效铜 （毫克/千克）	< 0.10	0.10 ~ 0.20	0.21 ~ 1.00	1.01 ~ 1.80	> 1.80
有效锰 （毫克/千克）	< 1.10	1.10 ~ 5.00	5.01 ~ 15.00	15.01 ~ 30.00	> 30.00
有效铁 （毫克/千克）	< 2.60	2.6 ~ 4.5	4.6 ~ 10.0	10.1 ~ 20.0	> 20.0

　　黄土高原产区苹果园土壤有机质含量小于1%的样本数为299个、比例为21%，大于1.5%的样本数为107个、比例为8%，1% ~ 1.5%的样本数为1 009个、比例为71%，表明黄土高原产区有机质含量中等略低。碱解氮含量大于70毫克/千克的样本数为57个、比例为4%，小于70毫克/千克的样本数为1 358个、比例为96%，表明黄土高原产区碱解氮含量偏低。有效磷含量小于20毫克/千克的样本数为991个、比例为91%，大于40毫克/千克的样本数为66个、比例仅为5%，表明黄土高原产区有效磷含量偏低。速效钾含量小于100毫克/千克的样本数为327个、比例为23%，大于200毫克/千克的样本数为305个、比例为22%，100 ~ 200毫克/千克的样本数最多为783个、比例为55%，表明

黄土高原优势产区速效钾含量中等偏低。

据陕西省白水县苹果园土壤微量元素含量调查，有效铜、有效锌均处于适宜水平，但有效锌变化幅度较大；有效铁、有效锰含量低，远低于适宜水平（表2-3）。据山东省烟台市苹果园土壤微量元素含量调查，有效硼含量处于较低水平，为0.46毫克/千克；有效锌含量处于适宜水平，为1.72毫克/千克；而有效铁、有效铜和有效锰含量均处于高水平。同时，微量元素的变异系数普遍较大（63.58%～121.43%），说明苹果园土壤微量元素含量分布差异较大，丰富与不足并存。

表2-3　苹果园土壤微量元素含量现状

项目	平均值	变幅	CV（%）	适宜范围
陕西白水苹果产区				
有效铁（毫克/千克）	5.92	4.28～8.30	15.86	10～20
有效锰（毫克/千克）	11.18	8.68～14.25	11.3	15～30
有效铜（毫克/千克）	1.18	0.69～3.52	38.6	1.0～1.8
有效锌（毫克/千克）	1.84	0.79～8.32	62.33	1.0～2.0
山东烟台苹果产区				
有效铁（毫克/千克）	36.28	2.03～397.51	78.14	4.6～10
有效锰（毫克/千克）	45.31	0.70～244.58	67.89	20～50
有效铜（毫克/千克）	7.66	0.16～74.25	63.58	0.2～1.0
有效锌（毫克/千克）	1.72	0.45～35.22	97.09	1.0～1.8
有效硼（毫克/千克）	0.46	0.12～17.46	121.43	1.0～2.0

由以上分析可以知道，我国苹果园土壤微量元素中超量与不足并存，应该注意监控，及时矫正。

二、土壤碳氮比现状

土壤碳氮比（C/N），即土壤有机碳含量与全氮含量的比值，它是土壤质量的一个敏感指标。高的土壤C/N对土壤微生物的活动能力有一定的限制作用，使有机质和有机氮的分解矿化速度减慢，土壤固定有机碳能力提高，而低的土壤C/N可以加快微生物对有机质的分解和氮的矿化速率，不利于碳氮的固存。全国C/N平均值仅为10.34。由图2-1可见，不同苹果产区土壤C/N存在显著差异，有6个省份苹果园土壤C/N高于10，黑龙江苹果园土壤C/N最高，为15.42，其次是新疆（14.45）、宁夏（13.38）、辽宁（12.24）、云南（11.03）和甘肃（10.63）；剩余6个省份苹果园土壤C/N均低于10，其中以陕西最高（9.47），其次是北京（8.98）、河南（7.99）和山西（7.62），最低的为河北和山东，这两个产区苹果园土壤C/N低于7，分别为6.80和6.05。

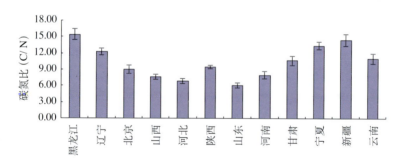

图2-1　不同苹果产区土壤碳氮比

不同产区土壤C/N存在差异的原因主要有两个方面：一是各地土壤自身特性存在差异，土壤肥沃的地区土壤有机碳含量较高，此类地区土壤就相应的具有较高的C/N；二是各地的施肥策略不同，施氮量越高土壤全氮含量亦越高，从而导致较低的土壤C/N。目前，我国正面临着CO_2的减排压力，因此维持较高的土壤C/N使大气中CO_2-C固存到土壤系统中是一种有效固碳减排的途径。从全国苹果四大产区来看，集约化程度高和种植年限较长的环渤海湾和黄土高原两大优势产区苹果园土壤有机碳含量偏低，远低于国外苹果土壤有机碳分级标准中的低值（17克/千克）；由于土壤类型和施肥习惯上的差异，环渤海湾和黄土高原产区土壤全氮含量差异较大，环渤海湾产区较高，黄土高原产区偏低；与其他产区相比，环渤海湾和黄土高原产区苹果园土壤C/N偏低，这与气候条件影响土壤有机碳的分解以及施肥习惯影响碳氮积累有关。

苹果园土壤碳氮比随着种植年限的延长亦发生变化。以山东栖霞为例，通过收集栖霞农业统计资料、论文数据库和近些年来编者对栖霞市各地区苹果园的调查数据，整理分析了栖霞市苹果园1984—2012年的养分变化趋势（表2-4），发现随着养分投入年限的延长，土壤有机碳和全氮含量显著升高。与1984年相比，1998年土壤有机碳和全氮含量分别增加了38.02%和53.33%；与1998年相比，2012年土壤有机碳和全氮含量又分别增加了17.37%和65.22%。可见，后一个14年（1998—2012年）的土壤有机碳的增加速度显著低于前一个14年（1984—1998年），而土壤全氮的增加速度则是后一个14年显著高于前一个14年。尽管随着养分投入年限的延长，土壤有机碳和全氮含量逐渐升高，但是土壤C/N却呈降低趋势，2012年和1998年的土壤C/N分别为6.18和8.54，分别比1984年降低了1.10个和3.46个单位。因此，在苹果园施肥管理中，保证产量的同时，要尽量采用科学的施肥技术来降低无机化肥的使用量，同时增加有机肥料的使用比例，来保证土壤碳、氮的均衡发展。

表2-4 1984—2012年栖霞苹果园土壤有机碳、全氮和碳氮比的变化

年	有机碳（克/千克）	全氮（克/千克）	土壤碳氮比
1984	4.34	0.45	9.64
1998	5.99	0.69	8.54
2012	7.03	1.14	6.18

第二节　养分管理中存在的问题

一、建园条件差，有机肥投入不足，土壤有机质含量低

20世纪中后期，我国果树的发展大都遵循"上山下滩，不与粮棉争夺良田"的发展方针，建园条件普遍偏差。对我国1 083个农户调查结果表明（图2-2），山丘地苹果园占41%、沙滩地苹果园占33%，而条件较好的平原地苹果园仅占26%；从苹果园土层厚度来看，约60%的苹果园土层在50厘米以下；土壤类型上，约25%的苹果园土壤为黏土，60%为沙土。表明，我国苹果园建园条件较差，苹果园改土和培肥地力的任务艰巨。

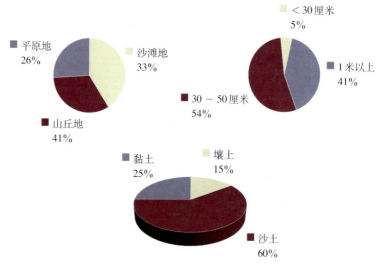

图2-2　我国苹果园立地条件

建园条件差主要表现为土壤有机质含量低。土壤有机质含量与土壤肥力质量呈显著正相关关系，其变化相对稳定，常被作为评价果园土壤质量动态变化的重要指标。土壤有机质含量的高低对于果园可持续生产非常重要，欧美及日本等水果生产强国都非

常注重土壤有机质含量的提升，使其维持在较高的水平。如荷兰果园土壤有机质含量在2%以上，日本和新西兰等国苹果园土壤有机质含量达到了4%～8%。然而，我国大部分果园土壤有机质含量在1.5%以下，仅南方一些果园和集约化水平较高的北方果园（北京、天津等）在1.5%以上。

果园土壤有机质含量低的主要原因是有机肥施用量较低。通过对全国苹果主产区果园调查发现，我国苹果园有机肥投入量较低，为9.24～13.01吨/公顷，全国平均为10.82吨/公顷，而国外优质果园一般要求有机肥施用量在30～50吨/公顷及以上。从不同苹果产区来看，有机肥施用量最高的是河北，为13.01吨/公顷，其次是辽宁（12.14吨/公顷）和山东（10.39吨/公顷），然后是山西和陕西，最低的是甘肃，仅为9.24吨/公顷；从东西部产区来看，渤海湾苹果产区（山东、辽宁和河北）有机肥施用量平均为11.85吨/公顷，而黄土高原苹果产区（陕西、山西和甘肃）有机肥施用量仅为9.80吨/公顷。造成当前有机肥投入量比较低的原因主要有两个方面：一方面由于近年来农村种植绿肥和养殖业的农户逐渐减少，有机肥源短缺；另一方面是有机肥的使用需要耗费较多劳动力。

二、化肥用量高且不平衡，肥料利用率低，环境风险大

在我国贫瘠的苹果园土壤条件下，化肥作为增产的决定因子发挥了举足轻重的作用。但近年来，我国苹果园化肥用量持续高速增长，农业农村部统计资料和调查数据显示，我国苹果园纯氮用量已经由2008年的360千克/公顷增加到2014年490千克/公顷。其中苹果产量较高的山东胶东半岛产区施氮量高达837千克/公顷，陕西苹果产区的施氮量也超过了全国平均水平，达到了558千克/公顷。而世界上苹果生产发达国家的施肥量普遍较低，氮的推荐施用量为150～200千克/公顷。氮的过量使用，除了利用率低之外，还引起了较高的环境风险。调查发现，河北省苹果产区果园氮素盈余量高达499.7千克/公顷，陕西省苹果产区的调

查也发现苹果园氮素盈余非常普遍，平均盈余量高达533.9千克/公顷。北京平谷区果树、蔬菜和粮食作物的磷素淋失风险研究表明，7.7%的粮田、44.0%的菜田和33.6%的果园土壤磷淋失风险较高，尤其是果菜等经济作物施用有机肥所带来的磷累积问题越来越突出。对山东省苹果园磷素投入及磷环境负荷风险进行分析，发现苹果园磷素投入量显著高于苹果果实带走量，未被植株利用的磷大量残留于土壤中，造成苹果园土壤磷养分富集，尤其是在磷肥投入水平较高的胶东苹果产区，土壤磷盈余量高达615.62千克/公顷，远高于河北的317.0千克/公顷、陕西的303.2千克/公顷和山西的330.6千克/公顷；大量磷素累积存在较大的潜在环境风险，山东省苹果园土壤有效磷含量超过临界值（50毫克/千克）的样本比例高达56.69%，高于临界值的样本土壤有效磷平均含量为108.34毫克/千克，是土壤磷淋失环境风险临界值的2.17倍，表明当前苹果园土壤磷潜在环境风险很大。另外，果园氮素高投入亦是引发土壤盐渍化、地下水硝酸盐污染等问题的重要因素之一。黄土高原坡地苹果园硝态氮累积深度大于2米，在180～200厘米土层最高累积量达249.61千克/公顷。化肥的过量主要集中在氮、磷、钾大量元素肥料，果农对中微量元素的使用不够重视，长期不平衡施肥造成了植株根际营养元素失衡和土壤质量下降，导致了苦痘病、黑点病、缩果病、黄叶病、小叶病和粗皮病等生理性病害的普遍发生。

三、土壤管理粗放、障碍加重，根系生长不良

调查发现，20世纪80年代经常采用的深翻土壤和秸秆覆盖措施目前仅有大约5%的果园继续采用，采用人工生草或自然生草的果园仅占20%左右，接近75%的果园地面管理以清耕为主。果园生草是发达国家已普遍采用的一项现代化、标准化的果园管理技术，欧美及日本实施生草果园面积占果园总面积的80%以上，产生了良好的经济效益、社会效益和生态效益。而我国苹果园普遍采用的清耕措施不但增加了劳动力投入，而且还造成了果树根系

分布表层化和表层土壤水肥气热条件的剧烈变化。另外，近年来土壤酸化、板结等障碍性因素越来越多，其中胶东半岛果园土壤酸化趋势非常明显，土壤pH平均仅为5.21，56.46%的苹果园土壤pH低于5.50（表2-5）。粗放的地面管理和障碍性因素的增多显著影响了果树根系的正常生长发育，显著降低了根系总长度、总表面积和总体积，根尖数和根系活力也明显下降，同时也限制了叶片制造的光合产物向根系的运输。

表2-5　烟台苹果产区土壤pH的分布特征

地区	样品数	平均值	变幅	标准偏差	pH区间百分比（%）			
					<4.50	4.50～5.50	5.51～6.50	>6.50
招远市	987	4.71	3.18～7.22	0.64	12.78	56.42	24.65	6.15
栖霞市	619	5.07	3.22～7.61	0.72	7.79	54.94	29.86	7.41
蓬莱市	477	5.24	3.44～7.72	0.61	6.28	51.67	31.38	10.67
龙口市	389	5.61	3.38～7.97	0.83	4.36	40.32	35.76	19.56
牟平区	882	5.41	3.19～7.48	0.65	5.31	42.43	37.73	14.53
平均	—	5.21	—	—	7.30	49.16	31.88	11.66

四、施肥时期和方法盲目、随意

苹果树的需肥时期与苹果树的生长节奏密切相关。而一些果农施肥不是以苹果树的需要为前提，而是以资金、劳力等因素确定施肥时期，因而达不到施肥的预期目的，有时还会适得其反造成损害。这几年，不少苹果园将秋施基肥推移春施，打乱了苹果树"生物钟"。由于养分不能及时转化分解被根系吸收供给树体春季需肥高峰期利用，而延迟到夏末初秋，肥效才得以充分发挥，使其春梢生长不能及时停止，即使中、短枝停长不久后又二次萌生，直接影响有机养分积累和花芽形成；还促使苹果树秋梢旺长，减少了树体营养积累，影响苹果实发育，降低品质和硬度，失去了施肥意义。在基肥施用时间上，大多数园片都是在红富士苹果采收后施用基肥，错过了秋施基肥的最佳时机。此时地温下降，根系活动趋于停止，肥料利用率大大降低，从而增加了生产成本。落叶后施肥和春施基肥，肥效发挥慢，对果树春季开花坐果和新梢生长作用较小，不利于花芽分化，是极不科学的。

施肥方法不科学表现在：一是施肥深度把握不当。化肥过浅，造成养分挥发浪费；有机肥施用过深（80厘米上下），未施在根系集中分布层，不利于根系吸收，降低了肥料利用率。二是施肥点偏少或未与土壤充分搅拌，肥料过于集中，造成土壤局部浓度过高，常易产生肥害，特别是磷肥因移动性差，不利于肥效发挥。在生产中不少果农比较重视施肥，但往往忽视浇水，虽然施肥不少，但因土壤干旱而不能最大限度地发挥肥效，因而对果品产量和质量造成很大程度的影响。故施肥后应及时进行浇灌，每当土壤表现出干旱现象时也应及时进行浇灌。缺水地区，可以进行树盘秸秆覆盖，既可保持土壤水分，还可增加土壤有机质含量。

叶面喷施，养分能够直接被叶片吸收，是一种高效、快速的施肥方法，因此被广大果农广泛应用。但是，有些果农在进行叶面喷施中存在着一些不当之处：一是肥料种类选择不当，如用碳酸氢铵喷施，造成烧叶；二是喷洒部位不准确；三是浓度掌握不准，或高或低。另外，喷洒量要足，以叶片湿润、欲滴未滴为度，同时叶面喷肥浓度一般较低，养分含量较少，为提高喷肥效果，最好连续喷洒2～3次及以上，间隔10～15天。

五、科学施肥技术普及率低，到位率低

科学施肥是基于作物养分需求规律、生长发育规律和土壤养分供应规律而制定的施肥策略，既有利于果树高产稳产优质，同时又最大幅度降低施肥对环境的负面影响。生产上施肥不科学，主要表现为重无机肥轻有机肥，重大量元素轻微量元素，重氮轻钾，不重视秋季施肥，春季肥料"一炮轰"等。通过对1 083户果

农的调查，3次及3次以上施肥的农户比例仅占29%，2次施肥的农户比例最高、占64%，还有7%的农户进行一次性施肥，表明果农在施肥时期上已经开始改变过去春季一次性施肥的习惯，但是真正做到根据果树生长发育规律进行3次或多次施肥的比例还不是很高。另外，果农施肥行为属于经济行为，目前农户的生产经验是确定化肥施用量和施肥时期的主要影响因素之一。然而，当前农化推广服务系统不健全，果农即使接受了科学施肥技术的培训，在具体操作中也很难得到详细的技术服务，因此技术到位率较低。

PART 03 第三章
苹果园肥料施用状况

第一节　苹果园肥料投入现状

在贫瘠的苹果园土壤条件下，化肥作为增产的重要因子发挥了举足轻重的作用。但近年来，受"施肥越多，产量越高""要高产就必须多施肥"等传统观念的影响，苹果园化肥用量持续高速增长，不仅导致生产成本剧增，而且也带来了地表和地下水污染、温室气体排放增加和土壤质量下降等生态环境问题。2016年，对全国苹果主产区3 535个盛果期苹果园进行了肥料施用情况调查，明确了不同产区养分投入特征。

一、氮投入特征

不同苹果生产区域的氮投入量均处于较高水平，从全国平均水平来看，苹果园氮投入量平均为1 056.12千克/公顷（表3-1）。不同生产区域间存在差异，氮投入量较高的产区为山东、甘肃、河北和陕西，均超过了1 000千克/公顷，其中山东氮投入量最高，为1 301.79千克/公顷；山西和辽宁氮投入量相对较低，分别为842.85千克/公顷和797.42千克/公顷。从投入氮的来源来看，来自化肥的氮远高于有机肥，化肥氮占总投入氮的比例为67.11%～88.91%，平均为81.20%。其中，化肥氮占总投入氮的比例比较高的区域是陕西、甘肃和山东，均超过了80%；最低的是辽宁，为67.11%。

表3-1 不同产区苹果园氮养分投入量

区域	氮投入量 （千克/公顷）	化肥氮		有机氮	
		数量 （千克/公顷）	比例（%）	数量 （千克/公顷）	比例 （%）
山东	1 301.79	1 093.11	83.97	208.68	16.03
辽宁	797.42	535.15	67.11	262.27	32.89
河北	1 110.45	887.69	79.94	222.76	20.06
陕西	1 093.80	972.50	88.91	121.30	11.09
山西	842.85	620.08	73.57	222.77	26.43
甘肃	1 190.43	1 036.98	87.11	153.45	12.89
平均	1 056.12	857.59	81.20	198.54	18.80

不同区域果园投入氮适宜程度不同（表3-2）。投入氮处于适宜程度比例最高的是辽宁，为33.64%，其次是山西，而山东和甘肃均低于10%。除了辽宁，其他产区苹果园投入氮处于过量程度的样本比例均超过了50%，最高的是甘肃的89.64%。投入氮处于"不足"比例最高的是辽宁，为22.47%，其次是山西、河北和陕西，均超过了10%，最低的是山东，仅为2.34%。从全国来看，仅有17.84%的果园投入氮处于适宜水平，超过70%的果园投入氮过量，11.93%的果园不足。可见，全国苹果园投入氮总体过量，但也存在不足的现象。

表3-2 不同产区苹果园氮养分投入评价

区域	适宜氮投入量 （千克/公顷）	评价样本分布频率（%）		
		不足	适宜	过量
山东	306.04 ～ 459.06	2.34	9.32	88.34

（续）

区域	适宜氮投入量 （千克/公顷）	评价样本分布频率（%）		
		不足	适宜	过量
辽宁	181.89 ~ 272.83	22.47	33.64	43.89
河北	238.28 ~ 357.42	11.57	16.64	71.79
陕西	190.46 ~ 285.68	10.28	17.87	71.85
山西	183.74 ~ 275.60	17.54	26.56	55.90
甘肃	201.38 ~ 302.06	7.37	2.99	89.64
平均	216.94 ~ 325.42	11.93	17.84	70.24

苹果园化学氮肥投入品种主要以三元复合肥为主，其样本量占总调查样本量的比重为56.4%，其次是尿素、比重为19.4%，碳酸氢铵、二元复合肥和其他氮肥品种等所占比重均不到10%，不施化学氮肥的比重仅占4.9%。

二、磷投入特征

不同苹果生产区域的磷投入量均处于较高水平（表3-3），从全国平均水平来看，苹果园磷投入量平均为687.34千克/公顷。不同生产区域间存在差异，投入量最高的是山东，高达793.09千克/公顷；陕西、河北、辽宁的磷投入量相差不大，为647.37 ~ 686.08千克/公顷；山西磷投入量最低，为558.95千克/公顷。从投入磷的来源来看，来自化肥的磷远高于有机肥，化肥磷占总投入磷的比例为65.46% ~ 87.57%，平均为78.68%。其中，化肥磷占总投入磷的比例比较高的区域是甘肃和陕西，均超过了85%；最低的是辽宁，仅为65.46%。

表3-3 不同产区苹果园磷养分投入量

区域	磷投入量 (千克/公顷)	化肥磷		有机磷	
		数量 (千克/公顷)	比例 (%)	数量 (千克/公顷)	比例 (%)
山东	793.09	632.73	79.78	160.36	20.22
辽宁	647.37	423.77	65.46	223.60	34.54
河北	664.80	533.97	80.32	130.83	19.68
陕西	686.08	586.94	85.55	99.14	14.45
山西	558.95	410.27	73.40	148.68	26.60
甘肃	773.77	677.59	87.57	96.18	12.43
平均	687.34	540.80	78.68	146.54	21.32

　　从全国各个苹果产区来看，投入磷总体上处于严重过量水平（表3-4），所有产区投入磷处于过量程度的样本量均超过了80%，最高的是山东，高达95.08%。投入磷处于适宜程度比例较高的是辽宁和山西，分别为8.94%和8.35%，较低的是山东和甘肃，其中甘肃仅有2.48%的苹果园处于投入磷适宜水平。投入磷处于不足程度比例最高的是山西，为10.69%，其他产区均处于较低水平。从全国平均来看，仅有6.35%的果园投入磷处于适宜水平，88.12%的果园投入磷处于过量水平，接近5.53%的果园投入磷处于不足水平。可见，全国苹果园投入磷总体严重过量。

表3-4 不同产区苹果园磷养分投入评价

区域	磷适宜投入量 (千克/公顷)	评价样本分布频率（%）		
		不足	适宜	过量
山东	153.02 ~ 229.53	1.64	3.28	95.08

（续）

区域	磷适宜投入量（千克/公顷）	评价样本分布频率（%）		
		不足	适宜	过量
辽宁	90.94 ~ 136.42	6.38	8.94	84.68
河北	119.14 ~ 178.71	4.58	7.51	87.91
陕西	95.23 ~ 142.84	6.61	7.54	85.85
山西	91.87 ~ 137.80	10.69	8.35	80.96
甘肃	100.69 ~ 151.03	3.27	2.48	94.25
平均	108.47 ~ 162.71	5.53	6.35	88.12

　　苹果园化学磷肥投入品种主要以三元复合肥为主，其样本量占总调查样本量的比重为68.9%，其次是普通过磷酸钙、比重为12.8%，磷酸二铵和重过磷酸钙所占比重均为9%左右，不施化学磷肥的比重仅占0.6%。

三、钾投入特征

　　从全国平均水平来看，苹果园钾投入量平均为861.12千克/公顷（表3-5）。投入量最高的是山东，高达1 073.52千克/公顷。山西产区钾投入量相对较低，为719.01千克/公顷。从投入钾的来源来看，来自化肥的钾远高于有机肥，化肥钾占总投入钾的比例为68.64% ~ 91.58%，平均为81.31%。其中，化肥钾占总投入钾的比例比较高的区域是甘肃，超过了90%；其次是陕西、河北和山东，均超过了80%；最低的是山西，为68.64%。

表3-5 不同产区苹果园钾养分投入量

区域	钾投入量 （千克/公顷）	化肥钾		有机钾	
		数量 （千克/公顷）	比例 （%）	数量 （千克/公顷）	比例 （%）
山东	1 073.52	885.76	82.51	187.76	17.49
辽宁	846.42	627.54	74.14	218.88	25.86
河北	897.30	759.03	84.59	138.27	15.41
陕西	780.88	674.76	86.41	106.12	13.59
山西	719.01	493.53	68.64	225.48	31.36
甘肃	849.58	778.05	91.58	71.53	8.42
平均	861.12	700.18	81.31	160.94	18.69

　　钾投入量处于适宜程度比例最高的是甘肃，为22.35%，其次是山西和山东，而陕西、辽宁和河北均为15%左右。除了陕西和山西，其他产区苹果园投入钾处于过量程度的样本比例均超过了50%。钾投入量处于不足程度比例最高的是山西，为39.57%，其次是陕西和辽宁，最低的是甘肃，仅为10.68%。从全国来看，仅有17.54%的果园投入钾处于适宜水平，56.39%的果园钾投入过量，26.08%的果园钾投入不足。可见，全国苹果园钾投入过量与不足并存（表3-6）。

表3-6 不同产区苹果园钾养分投入评价

区域	钾适宜投入量 （千克/公顷）	评价样本分布频率（%）		
		不足	适宜	过量
山东	306.04 ～ 459.06	14.57	18.56	66.87
辽宁	181.89 ～ 272.83	30.43	14.52	55.05
河北	238.28 ～ 357.42	24.67	14.57	60.76

（续）

区域	钾适宜投入量 （千克/公顷）	评价样本分布频率（%）		
		不足	适宜	过量
陕西	190.46 ~ 285.68	36.54	15.68	47.78
山西	183.74 ~ 275.60	39.57	19.54	40.89
甘肃	201.38 ~ 302.06	10.68	22.35	66.97
平均	216.94 ~ 325.42	26.08	17.54	56.39

　　苹果园化学钾肥投入品种主要以三元复合肥为主，其样本量占总调查样本量的比重为73.2%，其次是硫酸钾、比重为10.7%，然后是氯化钾和硝酸钾，0.5%的样本不施化学钾肥。

四、有机肥投入特征

　　我国苹果园有机肥投入量较低，为9.24 ~ 13.01吨/公顷，全国平均为10.82吨/公顷，与国外发达国家的投入水平（30 ~ 45吨/公顷）存在较大差距（图3-1）。从不同苹果产区来看，有机肥施用量最高的是河北，为13.01吨/公顷；其次是辽宁（12.14吨/公顷）和山东（10.39吨/公顷）；然后是山西和陕西；最低的是甘

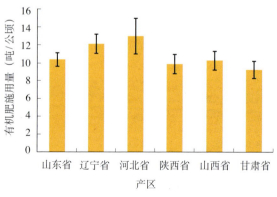

图3-1　不同产区苹果园有机肥投入量

肃，仅为9.24吨/公顷。从东西部产区来看，渤海湾苹果产区（山东、辽宁和河北）有机肥施用量平均为11.85吨/公顷，而黄土高原苹果产区（陕西、山西和甘肃）有机肥施用量仅为9.80吨/公顷。造成当前有机肥投入量比较低的原因主要有两个方面：一方面，近年来农村种植绿肥和养殖业的农户逐渐减少，有机肥源短缺；另一方面，有机肥的使用需要耗费较多劳动力。

从有机肥提供的养分及其占总养分的比例来看（表3-7），有机肥提供的氮养分为121.30～262.2千克/公顷，占果园总氮投入的比例为11.09%～32.89%，以辽宁省最高、陕西省最低；有机肥提供的磷为96.22～226.19千克/公顷，占果园总磷投入的比例为12.43%～34.54%，以辽宁省最高、甘肃省最低；有机肥提供的钾为71.53～225.51千克/公顷，占果园总钾投入的比例为8.42%～31.36%，以山西省最高、甘肃省最低。从有机肥提供的养分占总养分的比例来看，最高的是辽宁省，其次是山西省，然后是河北和山东，陕西和甘肃处于较低水平，仅占总养分的12.75%和11.42%。从全国平均来看，有机肥带入的氮、磷和钾养分分别为198.53千克/公顷、143.57千克/公顷和158.02千克/公顷，分别占果园氮、磷和钾养分总投入量的19.90%、21.32%和18.69%，有机肥提供的养分占总养分投入量的比例平均为20.30%。

表3-7 苹果主产区有机肥养分投入特征

区域	有机肥提供氮		有机肥提供磷		有机肥提供钾		有机肥提供的养分占总养分比例（%）
	数量（千克/公顷）	占总氮的比例（%）	数量（千克/公顷）	占总磷的比例（%）	数量（千克/公顷）	占总钾的比例（%）	
山东	208.68	16.03	160.38	20.22	187.81	17.49	17.58
辽宁	262.27	32.89	226.19	34.54	218.85	25.86	33.48

（续）

区域	有机肥提供氮		有机肥提供磷		有机肥提供钾		有机肥提供的养分占总养分比例（%）
	数量（千克/公顷）	占总氮的比例（%）	数量（千克/公顷）	占总磷的比例（%）	数量（千克/公顷）	占总钾的比例（%）	
河北	222.75	20.06	130.80	19.68	138.30	15.41	18.40
陕西	121.30	11.09	99.13	14.45	106.11	13.59	12.75
山西	222.72	26.43	148.70	26.60	225.51	31.36	28.15
甘肃	153.48	12.89	96.22	12.43	71.53	8.42	11.42
平均	198.53	19.90	143.57	21.32	158.02	18.69	20.30

当前农村有机肥源短缺，36.45%的苹果园施用的是普通商品有机肥，其次是猪粪、羊粪、生物有机肥、鸡粪等。需要注意的是，接近13.91%的苹果园不施用有机肥（图3-2）。

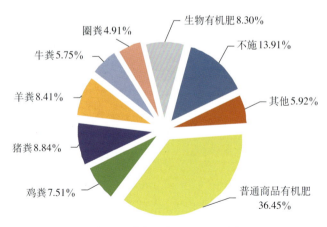

图3-2　有机肥投入品种和结构

第二节 苹果园过量施肥的负面影响

一、过量施肥造成树体旺长

过量施肥对苹果树枝叶数量多少，树势、树体抗性和贮藏水平，坐果率和产量都有不同程度的损害。许多果农认为通过提高化肥用量就可加快苹果树生长从而提高产量，然而过量施肥会使树体营养器官加速生长，导致营养生长过旺，果园郁闭；还会与花和果实等生殖器官争夺养分，造成不正常的生理落果，导致产量下降。

二、过量施肥导致苹果品质下降

过量施肥特别是氮肥会降低苹果品质，影响果实的贮藏性和商品率，降低经济效益。过量施肥会增加果实水分含量、降低果实硬度、不利于贮藏和运输。过量施肥还会降低苹果对病虫害的抵御能力，增加苹果苦痘病和烂果的发生，使贮藏期发病率增加。过量施肥使果皮着色迟缓，果实成熟时着色的颜色比正常施肥水平下的颜色要淡。同时，过量施肥还影响果实口感，使可滴定酸浓度提高，降低可溶性糖的含量，使果实口感变差。

三、过量施肥影响土壤质量和环境

过量施肥会造成土壤酸化、氮磷累积、水体富营养化以及氨挥发和氧化亚氮等气体排放量增加，严重威胁生态环境安全。

（一）土壤酸化

过量氮肥的施用是导致土壤酸化程度不断加重的主要因素之一，其作用机制是氮的深层淋失与H^+间的动态平衡。过量施氮后，没有被作物吸收利用的部分氮会随着降雨和灌溉等因素向下层土壤淋失，作为等价交换，相等量的H^+便会排放到耕层土壤中，因此长期过量施氮后便造成了表层土壤H^+的不断累积。研究发现，土壤酸化程度与氮肥用量的相关性显著。编者课题组在栖霞市开展的连续28年长期定位试验，结果表明，与1984年相比，2012年苹果园土壤pH下降了1.03个单位；进一步的研究证实，土壤酸化的驱动因素主要是氮肥的过量使用。而且随着尿素使用年限的增加，土壤酸化趋势越来越大。通过连续多年的定位试验发现，与不施氮肥相比，连年施用氮肥后南非和日本果园土壤明显酸化，土壤pH下降幅度高达10%～14%。

（二）耕层土壤氮和磷累积及深层淋失

氮、磷矿质养分的过量投入，不仅造成了资源的浪费，没有被作物吸收的部分会残留在表层土壤中以及随降雨和灌溉水而淋失到深层土壤和地表水中，对地下水和地表水安全造成严重威胁。陕西、山西和甘肃等苹果产区的调查结果发现，苹果园土壤氮主要以硝态氮为主，且主要分布在0～120厘米土层中，硝态氮含量最高可接近120毫克/千克，平均为22.86毫克/千克，硝态氮累积量高达141.3～867.6毫克/千克。而且山东惠民和陕西果树生产地区果园土壤剖面0～180厘米土壤层次硝态氮积累量均超过了2 000千克/公顷，最高可达3 000千克/公顷。栖霞苹果园长期监测结果发现，土壤全氮含量和碱解氮含量由1984年的0.45克/千克和43.89毫克/千克增加到2012年的1.14克/千克和115.75毫克/千克。苹果园磷肥用量高、利用率低，大量未被植株吸收利用的磷势必会在土壤中积累。国内研究资料表明，大部分地区果园土壤有效磷（Olsen-P，下同）均出现明显积累，甚至有些地区积累到对环境构成一定风险的程度。陕西113个平衡施肥示范果园研究显示，土壤有效磷平均含量为21.29毫克/千克，最高达到63.4毫克/千克。随着果园土壤有效磷积累，土体磷淋失及其对水体富营养化影响越来越引起人们的重视。英国洛桑试验站Broadbalk长期定位试验发现，当土壤Olsen-P超过土壤磷素淋失临界值（60毫克/千克）时，排出的总磷含量呈直线增加。我国23个土壤磷素淋失风险阈值研究发现，北方石灰性土壤磷淋失风险临界值平均为50毫克/千克，pH 6.5左右时临界值最高。果园土壤有效磷积累的原因，一方面，与20世纪90年代以来注重磷肥施用，尤其高浓度磷肥施用有关；另一方面，与长期施用有机肥，如含磷量高的家禽粪便有关，尤其在北京、天津等大城市郊区，农牧结合程度高，养殖业发达，家禽粪便施用量较高，对土壤有效磷积累起到很大作用。可见，虽然磷在土壤中的移动性较差，但是当土壤有效磷积累到超过一定阈值后，仍会发生土壤磷的大量流失。

（三）氨挥发和氮氧化物排放增加

全球变暖已成为农业生产面临的一个不可忽视的全球性问题。目前，国内外研究发现农业生产过程对全球变暖的影响不可忽视。引起全球变化的气体主要是二氧化碳、甲烷和氮氧化物。大量研究发现，农业生产中排放的氮氧化物和氨气与生产管理措施和氮肥的施用具有直接的关系。

（四）不合理施肥产生的肥害问题

由于有机肥料普遍欠缺，苹果园施肥主要依赖化肥。偏施某一种化肥，会导致作物营养失衡，体内部分物质的转化和合成受阻，造成作物的品质降低。在化肥中，偏重使用氮肥，如尿素、碳酸氢铵等，过多的氮肥还影响苹果树对钙、钾的吸收，使树体营养失调，芽体不饱满，叶片大而薄，枝条不能及时停长，花芽形成难，苹果果实着色差、风味淡且有异味，痘斑病、水心病普遍发生，贮藏性下降，表现出明显的缺钙症状。各种元素间还存在着相助或拮抗作用，如氮与钾、硼、铜、锌、磷等元素间存在拮抗作用，过量施用氮肥，而不相应地施用上述元素，树体内的钾、硼、铜、锌、磷等元素含量就相应减少。过量的化肥也会使镉、砷、铅、铬等重金属随肥料进入土壤，使树体吸收后难以降解，使果实中重金属含量超标，影响了果实的营养价值。

PART 04

第四章

苹果绿色高效施肥原理

第一节 苹果养分需求规律

一、苹果营养特点

果园养分资源管理的最终目的是满足果树最佳树体和根系结构构建对营养的需求,实现高产、稳产、优质和养分资源高效环保的目标。而科学的养分管理技术体系的构建必须建立在充分了解果树养分特点的基础上。苹果营养特点可概括为四个方面。

(一)不同树龄阶段对养分的要求不同

苹果为多年生作物,从栽树到死亡,在同一块地上要生长十几年甚至几十年。其生命周期一般经过幼龄期、初果期、盛果期、更新和衰老死亡期等几个时期。生命周期不同阶段对养分需求也有很大的差别。幼龄期果树以营养生长为主,生长量少,养分需求量少,磷和氮需求较多。初果期是果树由营养生长向生殖生长转化的关键期,要求氮、磷、钾平衡。盛果期既要开花结果,又要维持健壮树势,养分需求上对钾的需求量增加。更新衰老期需要更新复壮和恢复树势,对氮的需求量增加。各生命周期的划分及各自营养特点总结于表4-1。在果树养分资源管理中,必须根据果树不同生长时期营养特性及年周期养分特点制定相应的养分资源管理策略。

表4-1 果树不同时期划分以及营养特点

年周期	营养特点
幼龄期	开花结果以前的时期称为幼龄期，此期果树需肥量较少，但对肥料特别敏感，要求施足磷肥以促进根系生长；在有机肥充足的情况下可少施氮肥，否则要施足氮肥；适当配合钾肥
初果期	开花结果后到形成经济产量之前的时期称为初果期，此期是果树由营养生长向生殖生长转化的关键时期，施肥上应针对树体状况区别对待，若营养生长较强，应以磷肥为主，配合钾肥，少施氮肥；若营养生长未达到结果要求，培养健壮树势仍是施肥重点，应以磷肥为主，配合氮、钾肥
盛果期	大量结果期称为盛果期，此期施肥主要目的是优质丰产，维持健壮树势，提高果品质量，应以有机肥与氮、磷、钾肥配合施用，并根据树势和结果的多少有所侧重
衰老期	在更新衰老期，施肥上应偏施有机肥与氮肥，以促进更新复壮，维持树势，延长盛果期

（二）贮藏营养特别重要

　　贮藏营养对果树的生长发育具有重要作用，特别是对果树翌年早春的花芽分化、枝条生长、开花结果、果实早期生长中的作用重大。研究发现，萌芽后60天内果树新生器官生产发育所需的氮素营养大约80%来自树体上一季节的贮藏氮，只有20%左右来自当季供应；从6月开始，随着土壤温度的升高和根系吸收能力的增强，此时可以通过土壤施氮来供应新梢快速生长和果实发育所需要的大量氮素；秋季随着叶片衰老，叶片氮素回流贮藏（图4-1）。提高树体贮藏营养水平的技术措施的运用应贯穿于整个生长季节，并遵循开源与节流并举的原则。开源方面，应重视养分的平衡供应，加强根外追肥；节流方面，应注意减少无效消耗，如进行疏花疏果、控制新梢过旺生长等。提高贮藏营养的关键时期是果实采收前后到落叶前，早施基肥、保叶养根和加强根外补肥是提高树体贮藏营养的行之有效的技术措施。

图4-1　苹果贮藏氮再利用特性

（三）年周期中营养生长与生殖生长对养分的竞争激烈

在果树生长发育过程中，营养生长与生殖生长相互补充、相互制约，二者的共存与竞争矛盾贯穿了果树生长发育的全过程。营养生长是果树生长的基础，而生殖生长是果树生长的目的。适中的营养生长不仅有利于树体的建成，同时也有利于果树的高产和稳产。但营养生长不足或过度也会对生殖生长产生不利影响。因此，协调营养生长与生殖生长的矛盾就成为果树栽培技术的核心，同样也是果树养分资源管理的重心。

年周期中果树生长根据营养需求特点可分为四个时期，第一个时期是利用贮藏养分期；第二个时期是贮藏养分和当年生养分交替期；第三个时期是利用当年生营养期；第四个时期是营养转化积累贮藏期。营养生长和生殖生长对养分竞争的矛盾贯穿于各个生长阶段。早春利用贮藏养分期，萌芽、枝叶生长和根系生长与开花坐果对养分竞争激烈，开花坐果对养分竞争力最强，因此在协调营养生长和生殖生长矛盾上主要应采取疏花疏果，减少无效消耗，把尽可能多的养分节约下来用于营养生长，为以后的生长发育打下坚实基础。根系管理和施肥上，应注意提高地温，促进根系活动，加强对养分吸收，并从萌芽前就开始加强根外追肥，缓和养分竞争，保证果树正常生长发育。贮藏养分和当年生养分交替期，又称"青黄不接"期，是衡量树体养分状况的临界期，若贮藏养分不足或分配不合理，会出现果树"断粮"现象，制约树体正常的生长发育。提高地温促进根系早吸收土壤养分、加强秋季管理提高树体的贮藏营养水平、疏花疏果节约树体养分消耗等措施均有利于延长贮藏养分的供应期，并延长当年生养分供应期，缓解树体养分供需矛盾，保证连年丰产、稳产。在利用当年生营养期，保证树体有节奏地进行营养生长、养分积累、生殖生长是养分管理技术要解决的关键问题。此期养分利用中心主要是枝梢生长和果实发育，新梢持续旺长及坐果过多会造成树体营养失衡，因此调节枝类组成，确定合理果实负荷是保证树体各器官有节律生长发育的基础。此期在养分管理上要注意保证养分供应的稳定性，并根据树势及时调整氮、磷、钾等养分的供应比例，特别是要注意对氮素养分的施用量、施用时期和施用方式的调节。养分积累贮藏期是叶片中各种养分回流到枝干和根中的过程。中、早熟品种从采果后开始积累，晚熟品种从采果前这一过程已经开始，二者均持续到落叶前结束。此期采取防止秋梢过旺生长、适时采收、保护秋叶、早施基肥和加强秋季根外追肥等措施可保证叶片养分及时、充分回流到树体。

（四）养分供应与果实品质关系密切

在过去稀植低产栽培中，产量与品质的矛盾不是很突出，养分供应对品质的影响不是很大；而在现代密植丰产栽培中，果树产量大幅度提高，果实带走大量养分，肥料和土壤供应的养分与果树的需要之间产生较大矛盾，此时若养分供应不当极易造成品质不良，如生产中存在的偏施和过量施氮，造成果实着色不良、酸多糖少、风味不佳；磷对苹果果实单果质量、可溶性固形物含量和果肉硬度的正直接作用相对最大；镁对果实单果质量的负直接作用相对最大；锰对可滴定酸含量具有相对最大的负直接作用。现在果树特别是果树产量激增，供过于求，价格下降，而高档果品由于供不应求，价格呈持续上涨趋势。因此，在养分管理上应该变原来产量效益型管理为品质效益型管理，大力提倡配方施肥和平衡施肥，稳定产量，提高品质，节支增收。

二、苹果养分需求特性

苹果必需的17种元素是碳（C）、氢（H）、氧（O）、氮（N）、磷（P）、钾（K）、钙（Ca）、镁（Mg）、硫（S）、铁（Fe）、硼（B）、锰（Mn）、铜（Cu）、锌（Zn）、钼（Mo）、氯（Cl）、镍（Ni）。其中，以碳、氢、氧三种元素的需要量最大，占树体干重的95%左右。果树主要从空气（CO_2）和水（H_2O）中吸收这三种元素，称为非矿质元素。果树需要的其余元素均需从土壤中吸收，称为矿质元素。

苹果所吸收的矿质元素，除了形成当年的产量，还要形成足够的营养生长和贮藏养分，以备今后生长发育的需要。早在20世纪初，即开始研究苹果植株各部分器官的营养元素含量。苹果对每种养分的吸收量和输出量，不同的研究之间存在较大分歧。造成这一分歧的主要原因在于品种、栽培技术以及地理位置的不同。6年生嘎拉/M26苹果树体每年新增加的干物质主要是果实，大约占72%，而新梢和叶片仅占约17%；每生产1千克果实营养元素的需求量为N 1.1克、P 0.2克、K 1.9克、Ca 0.8克、Mg 0.2克、S 0.1克、B 5.0毫克、Zn 3.2毫克、Cu 2.5毫克、Mn 9.8毫克、Fe 7.9毫克。滴灌条件下Brookfield Gala/M793苹果产量为45.2吨/公顷时，每生产1千克果实营养元素的需求量为N 1.7 ~ 2.6克、P 0.3 ~ 0.4克、K 2.3 ~ 3.3克、Ca 0.5 ~ 1.9克、Mg 0.2 ~ 0.4克、S 0.2 ~ 0.2克、Mn 1.3 ~ 7.9毫克、Fe 28.7 ~ 32.6毫克、Cu 0.9 ~ 1.1毫克、Zn 3.0 ~ 5.5毫克、B 5.7 ~ 7.6毫克、Mo 0.3 ~ 0.3毫克。国内研究表明，国光、金冠、元帅和富士每生产1千克果实所需N分别为3.0克、1.5克、2.5克、3.5克，所需P分别为0.8克、0.3克、0.3克、0.4克，所需K分别为3.2克、2.3克、2.3克、3.2克。可见，苹果养分需求量除了与果实产量相关，还与品种密切相关。另外，一般矮化苹果树的养分需求量要低于乔化树种。

综合来看，元素年吸收总量的排列顺序为K＞N＞Ca＞P＞Mg。从元素在各器官间的分配来看，N在各器官分布比较均衡，其中17.6%～33.2%在果实内、26.9%～32.6%在叶中；K主要分布在果实中，占总量的61%左右；P分布也比较均衡，其中20.5%～27.6%在果实内、20%左右在叶片内；Ca在果实中的分配较少，仅占10%～15%。根据养分的分配情况，若果实负载量增加，就要相应增加K的供应，以保证果实的消耗以及花芽分化的需要。

三、苹果叶片养分适宜值

叶片是植物体内营养元素含量反应变化最为敏感的部位。在合适的时期，一定部位的叶片营养水平基本能够代表树体的整体营养水平。研究表明，当苹果春梢停止生长后，叶营养元素含量变化趋于缓和时是采集叶样的适宜时期，时间为7月上旬，部位为外围新梢中部成熟叶片。

目前，叶片营养分析与诊断被广泛地应用于国内外植物营养与土壤肥力的研究。在果树栽培上，可以根据叶片营养诊断，确定各矿质元素缺乏的先后顺序，进而诊断出潜在的养分缺乏以及叶片矿质养分整体的平衡状况。我国苹果叶片营养元素适宜含量的研究始于20世纪80年代。鉴于不同品种以及不同地区同一品种叶片的标准值存在差异，我国不同品种苹果叶片养分标准值见表4-2。

表4-2 中国苹果叶片营养含量标准值

文献	区域	品种	大量元素（干基百分数，%）					微量元素（毫克/千克）				
			N	P	K	Ca	Mg	Fe	Mn	Cu	Zn	B
李港丽等，1987	北京、河北、辽宁、山东、新疆	金冠、国光、红星、富士	2.0~2.6	0.15~0.23	1.00~2.00	1.00~2.00	0.22~0.35	150~290	25~150	5.0~15.0	15~80	20~60
安贵阳等，2004	陕西	富士、秦冠、红星、金冠、嘎拉	2.31~2.50	0.138~0.166	0.73~0.98	1.73~2.24	0.37~0.43	120~150	52~80	20~50	24~45	33~37
李海山等，2011	河北	富士	2.19~2.93	0.09~0.13	0.85~1.04	1.29~1.55	0.106~0.115	87.4~110.6	65.3~80.1	15.1~21.5	8.4~9.8	—
		国光	2.56~3.25	0.10~0.14	0.88~1.13	1.39~1.57	0.103~0.112	97.5~122.6	61.2~86.9	11.0~17.1	8.6~10.1	—
刘小勇等，2013	甘肃	元帅	2.41~2.52	1.96~2.14	1.55~1.85	2.75~3.36	0.59~0.65	367~495	78~132	19~33	30~59	25~31

四、苹果年周期养分累积特性

年周期中苹果各器官中养分含量不是一成不变的，它随着生长季节的不同而发生动态变化。树体这种养分含量的变化反映了不同生长发育阶段对养分需求的变化，对氮素而言，苹果地上部新生器官需氮可分3个时期：第一个时期从萌芽到新梢加速生长为大量需氮期，需氮量为当年新生器官总氮量的80%，此期充足的氮素供应对保证开花坐果、新梢及其叶片的生长非常重要。此期前半段时间氮素主要来源于贮藏在树体内的氮素，后期逐渐过渡为利用当年吸收的氮素。第二个时期从新梢旺长高峰后到果实采收前为氮素营养的稳定供应期，需氮量为当年新生器官总氮量的18%，此期稳定供应少量氮肥对提高叶片光合作用的活性起重要作用。此期施氮较难把握，过多影响品质，过少影响产量。第三个时期从采收至落叶为氮素营养贮备期，需氮量为当年新生器官总氮量的2%，此期含量高低对下一年分化优质器官创高产优质起重要作用。对磷素而言，一年中苹果的需求量在迅速达到高峰后，开始平稳需求，新生器官4个时期需磷比例分别为82%、11%、6%和1%。对钾素而言，以果实迅速膨大期需钾较多，新生器官4个时期需钾比例分别为48%、31%、21%和0%。根据上述年周期养分需求特点，对氮、磷养分必须加强秋季贮藏保证第二年春的需求，对果实需求较多的钾肥，在生长季要及时补充。

第二节　苹果科学施肥原理与原则

一、苹果科学施肥原理

（一）营养元素同等重要、不可替代律

对植物来讲，不论大量元素，还是中量元素或微量元素，在植物生长中所起到的作用都是同等重要、缺一不可的。缺少某一种微量元素，尽管它的需要量可能会很少，仍会产生微量元素缺

乏症而导致减产。作物需要的各种营养元素，在作物体内都有一定的功能，相互之间不能代替。缺少什么营养元素，就必须施用含有该营养元素的肥料，施用其他肥料不仅不能解决缺素的问题，有些时候还会加重缺素症状。

（二）养分归还学说

养分归还学说的中心内容：植物通过不同方式从土壤中吸收矿质养分，随着人们将植物收获物拿走，必然要从土壤中将这部分养分携带走，使土壤养分逐渐减少，连续种植会使土壤贫瘠，为了保持土壤肥力、提高植物产量，就必须把植物带走的矿质养分全部归还给土壤。施肥是归还土壤养分的最直接有效的方式。

（三）最小养分律

最小养分律的中心内容：植物为了生长发育需要吸收各种养分，但是决定植物产量的却是土壤中相对含量最小的有效养分的含量，植物产量也在一定限度内随着这个最小养分的含量的增减而相对地变化。最小养分不是固定不变的，在得到一定补充后，最小养分可能发生变化，产生新的最小养分。

（四）报酬递减律与米采利希学说

报酬递减律的中心内容：从一定土地上所得到的报酬随着向该土地投入的劳动和资本量的增大而有所增加，但随着投入的劳动和资本量的增加，单位投入所获得的报酬增加量却是在逐渐递减的。

米采利希学说：在其他各项技术条件相对稳定情况下，随着施肥量的增加作物产量也随之增加，但单位施肥量所获得的增产量却是逐步减少的。

（五）因子综合作用学说与限制因子律

作物生长发育，除了需要充足的养分外，还需要温度、水分、光照和空气等诸多因素（因子），每一种因素对作物的生长发育都有同样重要的影响。最小养分律说明了养分对作物产量的影响，如果把影响作物生长发育的因素从养分扩展开来，把每一个影响作物生长发育的因素都考虑进去，就会得到这样一个规律：养分、水分、空气、热量、光照、栽培技术措施等很多因素都在影响作物生长发育，作物的生长状况就取决于这些因素。作物的产量是这些因素综合作用的结果，但其中必然有一个因素供给量相对最少，被称作限制因子，作物产量在一定程度上受这个限制因子的制约。

二、苹果科学施肥原则

苹果科学施肥是基于果园养分状况和果树营养特性基础之上，以高产、优质、高效和环保为目标，最大限度实现经济效益、生态效益和社会效益的最佳化。

1.用地和养地相结合

土壤是果树根系生长和养分、水分吸收的主要场所，果园土壤肥力状况显著影响根系生长及其对养分、水分的吸收。用地和养地相结合的实质就是要在满足果树高产、优质对营养需要的同时，逐步提高果园土壤肥力。其中"用地"指采取合理的施肥措施，通过促进根系生长、改善土壤结构和水热状况、选择合适的品种等，充分挖掘果树利用土壤养分的能力，最大限度发挥土壤养分资源的潜力，保证果树高产优质。"养地"是指通过施肥，逐步培肥土壤，提高土壤保肥、供肥能力并改善土壤结构，维持土壤养分的平衡，为果树的高产、稳产打下良好基础。另外，"养地"除了通过施肥逐步适度提高果园土壤养分含量外，还要重视改善土壤理化性状，以及消除土壤中不利于根系生长及养分吸收的障碍因子。"养地"是"用地"的前提，而"用地"是"养地"的目的，二者互相结合，互相补充。

2.营养需求与肥料释放、土壤养分供应特性相吻合

栽培方式、砧木/品种、立地条件及管理水平不同，苹果树产量和生长量均有较大差异，因此单位产量的养分需求量也不同。此外，土壤肥力水平也显著影响苹果根系的养分吸收状况。在土壤肥力较高的苹果园，施肥不仅效果不好，造成肥料浪费，施肥

过多还会引起果实品质降低和环境污染问题；而在土壤肥力低的苹果园，施肥不足则会导致严重减产及果实品质降低。苹果园土壤的理化性状，如结构质地、pH对苹果树根系生长及养分吸收利用也有重要的影响，因此在施肥中也应对这些因素加以调控，使之逐步改善。对肥料而言，不同种类的肥料在土壤中转化过程不同，对土壤性状（如pH）的影响也不一致，苹果树对其利用能力也不同，这也需要在生产实际中加以考虑。

沙质土果园因保肥保水差，追肥少量多次浇小水，勤施少施，多用有机肥和复合肥，防止养分严重流失。盐碱地果园因pH偏高，许多营养元素如磷、铁、硼易被固定，应注重多追有机肥、磷肥和微肥，最好和有机肥混合施用。黏质土果园保肥保水强，透气性差，追肥次数可适当减少，多配合有机肥或局部优化施肥，协调水气矛盾，提高肥料有效性。

3.有机肥和无机肥相结合

研究和生产实践均证明，土壤有机养分与无机养分的有机结合有利于土壤肥力和肥料利用效率的逐步提高，是保证苹果高产、稳产、优质行之有效的举措。在我国苹果园有机质含量偏低的现状下，应大力提倡有机肥与无机肥的配合施用。有机肥与无机肥相结合的原则有两方面的内涵：一方面，通过施用有机肥，尤其是施用富含有机质的有机肥，改善土壤理化性状，提高土壤保肥、供肥能力，促进根系生长发育及对养分的吸收，为无机养分的高效利用提供基础；另一方面，通过施用无机肥料，逐步提高土壤养分含量并协调土壤养分比例，在满足苹果树对养分需求的同时，使土壤养分含量逐步提高。根据一些地区的经验，苹果园养分投入总量中，有机养分的投入应占50%左右，此时可较大限度发挥有机养分和无机养分在增产和改善果品中的作用。

4.肥料精确调控与丰产、稳产、优质的树体结构和生长节奏调控相结合

良好的树体结构有利于协调营养生长（枝、叶等）与生殖生长（花、果）的关系，促进光合作用，优化碳水化合物在树体内的

分配。利用生产技术调节苹果树生长节奏、协调营养生长与生殖生长的矛盾，是保证苹果树高产、稳产的关键，而养分管理在调节苹果树生长节奏中发挥重要作用。例如，在苹果生产中，如秋施基肥及早春施肥有利于叶幕和营养器官形成，对保证苹果树正常生长有重要意义；而花芽分化期施氮肥（6月上中旬）则需要格外注意，过量施氮会造成枝条旺长，不利于果实品质的提高，同时不利于花芽分化。

5.施肥与水分管理的有机结合

水、肥结合是充分利用养分的有效措施。在实际生产中，肥料利用效率不高、损失率大等问题的产生往往与不当的水分管理有关。过量灌水不仅会造成根系生长发育不良，影响根系对养分的吸收，同时还会引起氮素等养分的淋洗损失；而土壤干旱也会使肥效难以发挥，施肥不当时还会发生烧根等现象，不利于养分利用及苹果树生长。尤其在土壤贫瘠、肥力低的苹果园，将水、肥管理有机结合，是节约水分、养分资源提高果树产量的有效方法。

6.施肥与其他栽培技术的结合

施肥技术必须与其他果树栽培技术有机结合。在苹果生产中，其他栽培技术措施如环割、环剥、套袋、生草制等的运用都会对施肥提出不同的要求。例如，为控制营养生长过旺、促进开花结果，在苹果树上较普遍地实行环割和环剥，在提高果树产量的同时，会增加树体对养分的需求；又如，在实行生草制的苹果园，氮肥的推荐量应较实行清耕制的苹果园有所增加等。因此，在设计苹果园施肥方案时，应与立地条件和其他栽培技术相配套。

PART 05 「第五章」

常用肥料品种和绿色高效肥料产品设计

第一节　常用肥料品种

一、氮肥

（一）铵态氮肥

1.碳酸氢铵

简称碳铵。主要成分的分子式为 NH_4HCO_3，含氮17%左右。碳铵是一种无色或白色化合物，呈粒状、板状、粉状或柱状细结晶；易溶于水，0℃时的溶解度为11%，20℃时为21%，40℃时为35%。碳铵在常温下（20℃），很容易分解为氨、二氧化碳和水，所以分解的过程是一个氮素损失和加速潮解的过程，是造成贮藏期间碳铵结块和施用后可能灼伤作物的基本原因。碳铵的合理施用原则和方法：一是掌握不离土、不离水和先肥土、后肥苗的施肥原则。把碳铵深施覆土，使其不离开水土，有利于土壤颗粒对肥料铵的吸附保持，持久不断地对作物供肥。二是要尽量避开高温季节和高温时间施用，碳铵应尽量在气温<20℃的季节施用，一天当中则应避开中午气温较高的时段施用，以减少碳铵施用后的分解挥发，提高碳铵利用率。可将碳铵与其他品种氮肥搭配施用，低温季节用碳铵，而高温季节选用尿素或硫酸铵等。

2.硫酸铵

简称硫铵，俗称肥田粉。主要成分的分子式为（NH₄）₂SO₄，含氮量为20%～21%。硫酸铵肥料为白色结晶，若为工业副产品或产品中混有杂质时常呈微黄、青绿、棕红、灰色等杂色。硫酸铵肥料较为稳定，分解温度为280℃，不易吸湿，20℃时的临界吸湿点为相对湿度81%；易溶于水，0℃时水溶溶解度为70克，肥效较快且稳定。硫酸铵肥料中除含有氮之外，还含硫25.6%左右，也是一种重要的硫肥。硫铵可作基肥、追肥，作基肥时，不论旱地或水田结合耕作进行深施，以利于保肥和作物吸收利用，在旱地或雨水较少的地区，基肥效果更好；作追肥时，旱地可在作物根系附近开沟条施或穴施，干、湿施均可，施后覆土。

3.氯化铵

简称氯铵。主要成分的分子式为NH₄Cl。氯铵肥料为白色结晶，含杂质时常呈黄色，含氮量为24%～25%。氯铵临界吸湿点较高；20℃时，相对湿度79.3%，易结块，甚至潮解；20℃时，100克水中可溶解37克。氯铵肥效迅速，属于生理酸性肥料。氯铵进入土壤后铵根离子被土壤颗粒吸附，氯离子与土壤中二价、三价阳离子形成可溶性物质，增加土壤中盐基离子的淋洗或积累，长期施用或造成土壤板结，或造成更强的盐渍化。因此，在酸性土壤上施用应适当配施石灰，在盐渍土上应尽可能避免大量施用。氯铵不宜作种肥，以免影响种子发芽及幼苗生长。此外，还应注意明显"忌氯"的作物要避免施用，例如马铃薯、亚麻、烟草、甘薯、茶等作物。

（二）硝态氮肥

1.硝酸铵

简称硝铵。其有效成分分子式为NH₄NO₃。硝铵肥料含氮量为33%～35%。目前生产的硝铵主要有两种：一种是结晶的白色细粒，另一种是白色或浅色黄色颗粒。细粒状的硝铵吸湿性很强，容易结块，在空气湿度大的季节会潮解变成液体，湿度变化剧烈和无遮盖贮存时，硝铵体积可以增大，致使包装破裂，贮存时应注意防潮。硝铵肥料施入土壤后，很快溶解于土壤溶液中，能够被植物很快吸收利用，属于生理中性肥料。由于硝铵具有很好的移动性，除特殊情况外，一般不将硝铵作基肥和雨季追肥施用。同时硝铵不宜作种肥，因为其吸湿溶解后盐渍危害严重，影响种子发芽及幼苗生长。由于硝铵具有爆炸性，所以一般以改性的方式存在于市面上。重要的硝铵改性氮肥主要有硝酸铵钙和硫硝酸铵。硝酸铵钙又名石灰硝铵，其主要成分为 NH_4HO_3、$CaCO_3$，含氮量约20%。硫硝酸铵则由硝铵与硫铵混合共熔而成；或由硝酸硫酸混合后吸收氨，结晶、干燥成粒而成。

2.硝酸钠

又名智利硝石，因盛产于智利而闻名。其有效成分分子式为 $NaNO_3$。硝酸钠含氮量为15%～16%，商品呈白色或浅色结晶，易溶于水，10℃时每100毫升溶解96克，20℃临界吸湿点相对湿度74.7%。连续使用硝酸钠肥料可能会造成局部土壤pH上升、钠离子积累，甚至还可能会影响土壤理化性状。国外长期将硝酸钠施用于烟草、棉花等旱作作物上，肥效较好。对一些喜钠作物，如甜菜、菠菜等肥效常高于其他氮肥。

3.硝酸钙

常由碳酸钙与硝酸反应生成，也是某些工业流程的副产品。其有效成分分子式为 $Ca(NO_3)_2$。硝酸钙纯品为白色细结晶，肥料级硝酸钙为灰色或淡黄色颗粒。其含氮量为13%～15%。硝酸钙肥料极易吸湿，20℃时临界吸湿点为相对湿度54.8%，很容易在空气中潮解自溶，贮运中应注意密封。硝酸钙易溶于水，水溶液呈酸性。硝酸钙在作物吸收过程中表现出较弱的碱性，但由于含有充足的钙离子并不致引起副作用，故适用于多种土壤和作物。硝酸钙含有19%的水溶性钙，对蔬菜、果树、花生、烟草等作物尤为适宜。

（三）酰胺态氮肥

酰胺态氮肥一般指尿素，是人工合成的第一个有机化合物，含氮量为46%。普通尿素为白色结晶，呈针状或棱柱状晶体，吸湿性强，目前生产的尿素肥料多为颗粒状。在气温为20℃以下时，吸湿性较弱。随着气温升高，其吸湿性明显增强。尿素易溶于水，

20℃时的溶解度为100毫升水溶解105克。尿素为中性有机分子，在水解转化前不带负电，不易被土粒吸附，故极易随水移动和流失。尿素可用作基肥和追肥。因其供应养分快、养分含量高、物理性状好，尤其适合作追肥施用，有条件时，追肥要深施，要保证以水带肥，减少肥料损失数量。

（四）缓释氮肥

缓释氮肥又称长效氮肥，是指由化学或物理法制成能延缓养分释放速率，可供植物持续吸收利用的氮肥，如脲甲醛、包膜氮肥等。一般将长效氮肥分为两类：一是合成的有机长效氮肥，二是包膜氮肥。

1.合成有机长效氮肥

合成有机长效氮肥主要包括尿素甲醛聚合物、尿素乙醛聚合物以及少数酰胺类化合物。

（1）脲甲醛 代号UF，是以尿素为基体加入一定量的甲醛经催化剂催化合成的一系列直链化合物。脲甲醛的主要成分为直链聚合物，含尿素分子2～6个，为白色颗粒或粉末状的无臭固体，其成分依尿素与甲醛的摩尔比（U/F）、催化剂及反应条件而定。脲甲醛肥料可作基肥一次性施用，但对生长期比较旺盛的作物，往往显得氮素营养不足，因此，必须配合施用一些速效氮肥。脲甲醛施于沙质土壤，其效果往往优于速效氮。施用脲甲醛成本较高，因此较常用于草地、观赏植物、果树及其他一些多年生植物上。

（2）脲乙醛 代号CDU，又名丁烯叉二脲，由乙醛缩合为丁烯叉醛，在酸性条件下再与尿素结合而成。脲乙醛为白色粉末状，含氮量为28%～32%。脲乙醛在酸性土壤上的供肥速率大于在碱性土壤上的供肥速率。脲乙醛在速生型作物上或作物需肥量较大的时期施用应配合施用速效氮肥。

（3）脲异丁醛 代号IBDU，又名异丁叉二脲，是尿素与异丁醛缩合的产物。脲异丁醛肥料为白色颗粒状或粉末，含氮量在31%左右，不吸湿，水溶性差。室温下，100毫升水的溶出物只含有0.01～0.1克氮。施用方法灵活，可单独施用，也可作为混合肥料或复合肥料的组分。可按任何比例与过磷酸钙、磷酸二铵、尿素、氯化钾等肥料混合施用。

2.包膜缓释氮肥

包膜缓释氮肥是指以降低氮肥溶解性能和控制养分释放速率为主要目的，在肥料颗粒表面包覆一层或数层半透性的物质制成的肥料，如硫黄包膜尿素、树脂包膜尿素等。

（1）硫黄包膜尿素　代号SCU，简称硫包尿素。含氮量范围在10%～37%，取决于硫膜的厚度，一般通过硫膜的厚度可改变其氮素释放速率。硫包膜尿素能够减缓氮素的溶解，有效提高氮素利用率，同时包膜材料——硫进入土壤后会氧化转化为硫酸，能够在碱性土壤中起到很好的pH调节作用。

（2）树脂包膜氮肥　采用聚乙烯、聚丙烯、石蜡等憎水性材料作为包覆膜层，能够有效减缓氮素的释放，释放周期能够控制30天至数年之久。所以树脂包膜氮肥的使用范围最为广泛，不仅减少了肥料的施用量，而且能够有效提高养分利用率，是目前我国市场上主流的包膜肥料。用树脂包膜的氮肥主要有尿素等，采用特殊工艺可以使膜材上产生一定比例和大小的细孔，能够起到半透膜的作用。当土壤温度升高、水分增多时，肥料将逐渐向作物释放氮素。树脂包膜肥料不会结块也不会散开，可以与种子进行同播，能够有效减少施肥次数，节省劳动力。根据不同土壤、气候条件和作物营养阶段特性控制包膜的厚度或选择不同包膜厚度肥料的组合，即可较好地满足整个作物生长期的氮素养分供应。

二、磷肥

（一）普通过磷酸钙

普通过磷酸钙是我国使用量最大的一种水溶性磷肥，其有效磷含量较低，主要化合物为$Ca(H_2PO_4)_2 \cdot H_2O$和$CaSO_4 \cdot 2H_2O$，85%～87%溶于水，其余溶于柠檬酸盐，通常结块。磷含量一般为16%～22%（以P_2O_5计），除含有磷外，同时含有硫（10%～20%）、钙（20%）等其他多种营养元素；供给植物磷、钙、硫等元素，具有改良碱性土壤作用；可用作基肥、根外追肥、叶面喷洒；与氮肥混合使用，有固氮作用，减少氮的损失；能促进植物的发芽、长根、分枝、结实及成熟，可用作生产复混肥的原料。

（二）重过磷酸钙

重过磷酸钙，又名磷酸一钙，化学式为 $Ca(H_2PO_4)_2 \cdot H_2O$，能溶于水，肥效比过磷酸钙（普钙）高，最好跟农家肥料混合施用，但不能与碱性物质混用，会发生反应（$H_2PO_4^- + 2OH^- = 2H_2O + PO_4^{3-}$）生成难溶性磷酸钙而降低肥效；能够用于各种土壤和作物，可作为基肥、追肥和复合（混）肥原料；广泛适用于水稻、小麦、玉米、高粱、棉花、瓜果、蔬菜等各种粮食作物和经济作物。重过磷酸钙的有效施用方法与普通过磷酸钙相同，可作基肥或追肥。因其有效磷含量比普通过磷酸钙高，其施用量根据需要可以按照五氧化二磷含量，参照普通过磷酸钙适量减少。重过磷酸钙属微酸性速效磷肥，是目前广泛使用的浓度最高的单一水溶性磷肥，肥效高、适应性强，具有改良碱性土壤作用；主要供给植物磷元素和钙元素等，促进植物发芽、根系生长、植株发育、分枝、结实及成熟；可用作基肥、种肥、根外追肥、叶面喷洒及生产复混肥的原料；既可以单独施用也可与其他养分混合使用，若和氮肥混合使用，具有一定的固氮作用。

（三）磷酸二铵

磷酸二铵又称磷酸氢二铵（DAP），含氮、磷两种营养成分，其主要成分化学式为 $(NH_4)_2HPO_4$；呈灰白色或深灰色颗粒，易溶于水，不溶于乙醇；有一定吸湿性，在潮湿空气中易分解，挥发出氨变成磷酸二氢铵；水溶液呈弱碱性，pH 8.0；易溶于水，溶解后固形物较少，适合各种农作物对氮、磷元素的需要，尤其适合干旱少雨的地区作基肥、种肥、追肥。

（四）钙镁磷肥

钙镁磷肥又称熔融含镁磷肥，是一种含有磷酸根（PO_4^{3-}）的硅铝酸盐玻璃体，无明确的分子式与相对分子质量，一般为灰绿色或灰棕色粉末。钙镁磷肥不仅提供12%～18%的低浓度磷，还能提供大量的硅、钙、镁。钙镁磷肥占我国磷肥总产量17%左右，由磷矿石与含镁、硅的矿石在高炉或电炉中经过高温熔融、水淬、干燥和磨细而成；主要成分包括$Ca_3(PO_4)_2$、$CaSiO_3$、$MgSiO_3$；P_2O_5含量12%～18%，CaO含量45%，SiO_2含量20%，MgO含量12%；是一种多元素肥料，水溶液呈碱性，可改良酸性土壤。

磷肥品种的选择可参照以下原则：①在同等或相似肥效下，磷肥品种优先选择的次序为难溶性、弱酸溶性、水溶性。一般来说，在碱性或石灰性土壤上，水溶性磷肥或高水溶率的磷肥比较合适；在酸性土壤上，磷肥的水溶率并不太重要，水溶性很差的肥料同样有效，甚至更有效。对于生长期较短的作物，则需选用水溶性强或水溶率高的磷肥。②根据作物营养特性，确定合理的N/P为20：5～10，是充分发挥氮、磷肥增产增收效果的重要前提。③在土壤同时缺乏S、Mg、Ca、Si等营养元素的情况下，尽可能选择含有相应元素的磷肥品种。

施肥基本要求：①合理确定磷肥的施用时间，一般原则是水溶性磷肥不宜提早施用，以缩短磷肥与土壤的接触时间，减少磷肥被固定的数量，而弱酸溶性和难溶性磷肥往往应适当提前施用。多数情况下，磷肥不作追肥撒施，因为磷在土壤中移动性很小，不易到达根系密集层。②正确选用磷肥的施用方式，磷肥的施用以全层撒施和集中施用为主要方式，集中施用又分为条施和穴施等方式。全层撒施即将肥料均匀撒在土壤表面，然后翻入土中。这种施用方式会增强磷肥与土壤的接触反应，尤其是在酸性土壤上可使水溶性磷肥有效性大大降低。集中施肥能够减少与土壤接触的机会，尤其适合在固磷能力强的土壤上施用水溶性强或水溶率高的磷肥。此外，水溶性磷肥与有机肥配合施用也是提高磷肥利用率的重要途径。土壤中加入有机肥后可显著降低土壤中磷的固定量。

三、钾肥

（一）硫酸钾

硫酸钾，化学式为K_2SO_4，是一种无机盐，一般K含量为50%～52%，S含量约为18%。硫酸钾纯品是无色结晶体，农用硫酸钾外观多呈淡黄色。硫酸钾的吸湿性小，不易结块，物理性状良好，施用方便，是很好的水溶性钾肥。硫酸钾特别适用于忌氯喜钾的经济作物，如烟草、葡萄、甜菜、茶树、马铃薯、亚麻及各种果树等。硫酸钾为化学中性、生理酸性肥料，适用于多种土壤（不包括淹水土壤）和作物。施入土壤后，钾离子可被作物直接吸收利用，也可以被土壤胶体吸附。在缺硫土壤上对十字花科作物等需硫较多的作物施用硫酸钾，效果更好。

（二）氯化钾

氯化钾，化学式为KCl，是一种无色细长菱形或立方晶体，或白色结晶小颗粒粉末，外观如同食盐，无臭、味咸，K_2O含量50%～60%，属于化学中性、生理酸性肥料。进入土壤后变化与硫酸钾相同，只是生产物不同。在中性和石灰性土壤中生成氯化钙，在酸性土壤中生成盐酸。所生成的氯化钙溶解度大，在多雨地区、多雨季节或在灌溉条件下，能随水淋洗至下层，一般对植物无毒害，在中性土壤中会造成土壤钙的淋失，使土壤板结；在石灰性土壤中，有大量碳酸钙存在，因施用氯化钾所造成的酸度，可被中和并释放出有效钙，不会引起土壤酸化；而在酸性土壤中生成的盐酸，能增强土壤酸性，因此在酸性土壤上长期大量施用氯化钾会加重作物受酸和铝的毒害，所以在酸性土壤上施用，应配合施用石灰及有机肥料。氯化钾可作为基肥、追肥。因氯离子抑制种子发芽及幼苗生长，故不宜作种肥，对忌氯植物及盐碱地也不宜施用。

四、水溶性肥料

水溶性肥料是指能够完全溶解于水的含氮、磷、钾、钙、镁、微量元素、氨基酸、腐植酸、海藻酸等复合型肥料。按形态分有固体水溶肥和液体水溶肥两种。按养分类型和含量分有大量元素水溶性肥料、中量元素水溶性肥料、微量元素水溶性肥料、含氨基酸水溶性肥料、含腐植酸水溶性肥料、有机水溶性肥料等。与传统的过磷酸钙、造粒复合肥等品种相比，水溶性肥料具有明显的优势。它是一种速效性肥料，水溶性好、无残渣，可以完全溶解于水中，能被作物的根系和叶面直接吸收利用。采用水肥同施，以水带肥，实现了水肥一体化，水溶性肥料的有效吸收率高出普通化肥一倍多，达到80%～90%；而且肥效快，可解决高产作物快速生长期的营养需求。配合滴灌系统需水量仅为普通化肥的30%，而施肥作业几乎可以不用人工，大大节约了人力成本。水溶性肥料作为一种新型肥料，与传统肥料相比，不但配方多样，施用方法也非常灵活，可以土壤浇灌，让植物根部全面接触到肥料，充分吸收各种营养元素；可以叶面喷施，养分通过叶面气孔进入植物内部，提高肥料吸收利用率；也可以滴灌和无土栽培，节约灌溉水并提高劳动生产效率。施肥过程中，为达到最佳效果，要结合水溶性肥料的特点，掌握一定的施肥技巧。

避免直接冲施，要采取二次稀释法。由于水溶性肥料有别于一般的复合肥料，所以不能够按常规施肥方法，否则容易造成施肥不均匀，出现烧苗伤根、苗小苗弱等现象，二次稀释保证冲肥均匀，提高肥料利用率。

严格控制施肥量。水溶肥比一般复合肥养分含量高，用量相对较少。由于其速效性强，难以在土壤中长期存留，所以要严格控制施肥量，避免肥料流失，即降低施肥的经济效益，达不到高产优质高效的目的。

尽量单用或与非碱性的农药混用。比如在蔬菜出现缺素症或根系生长不良时，多采用喷施水溶肥的方法加以缓解，但水溶肥要尽量单独施用或与非碱性的农药混用，以免金属离子起反应产生沉淀，造成叶片肥害或药害。

五、有机肥料

有机肥料指主要来源于植物和（或）动物，经过发酵腐熟的含碳有机物料，其功能是改善土壤肥力、提供植物营养和提高作物品质。有机肥料来源广、种类多，供肥特征差异大，简要可划分为以下10类。

（一）粪尿肥类

包括人粪尿、家畜粪尿、禽粪等。

1. 人粪尿

有机质含量较少、氮含量较高、C/N小，易分解，养分供应速度快。施用前需要进行厌氧发酵无害化处理。

2. 家畜粪尿

猪粪质地较细，含有较多的有机质和氮、磷、钾养分，C/N较低，分解较慢；牛粪是一种分解腐熟慢、发热量小的冷性肥料；马粪中有机物含量高，养分含量中等，腐熟过程中能产生较多的热量；羊粪养分含量较高，迟速兼备，肥分浓厚；兔粪各方面特性与羊粪相似，很易腐熟，施入土中分解较快，肥效容易发挥。

3. 禽粪

禽粪是鸡粪、鸭粪、鹅粪、鸽粪等的总称，禽粪中养分含量较家畜粪尿高，而且养分比例均衡，容易腐熟。禽粪中氮素以尿酸态为主，尿酸盐类不能直接被作物吸收利用。

（二）堆沤肥类

包括堆肥、沤肥及沼气发酵肥等，各种原料制成的堆肥都含有大量有机质，养分浓度不高，C/N较低。

（三）秸秆肥类

指一类数量极其丰富、能直接利用的有机肥料资源。秸秆中的有机成分主要是纤维素、木质素、蛋白质、淀粉等，还含有一定数量的氨基酸，其中以纤维素和半纤维素为主，木质素和蛋白质等次之。不同种类秸秆含有的养分数量有差异，通常豆科作物和油料作物的秸秆含氮较多；旱生禾谷类作物的秸秆含钾较多；水稻茎叶中含硅丰富；油菜秸秆含硫较多。秸秆中的养分绝大部分为有机态，经矿化后方能被作物吸收利用，肥效较长。

（四）绿肥类

包括紫云英、苕子、金花菜、紫花苜蓿、草木樨等，中等C/N，豆科绿肥C/N为10左右，养分供应大。绿肥鲜草含氮量为0.3%～0.6%，一般翻埋1 000千克豆科绿肥鲜草所提供的$N : P_2O_5 : K_2O$为5：1：4左右，施用15吨/公顷绿肥可为后季作物提供30%～60%所需氮量。绿肥含有各种营养成分，其中氮、钾含量较高，磷相对较低，且含有一定量的微量营养元素等。绿肥的养分含量依绿肥种类、栽培条件、生育期等不同而异。

（五）土杂肥类

指以杂草、垃圾、灰土等所沤制的肥料，主要包括各种土肥、泥肥、糟渣肥、骨粉、草木灰、屠宰场废弃物及城市垃圾等，养分含量较低。

（六）饼肥类

包括大豆饼、花生饼、菜籽饼和茶籽饼等，低C/N。饼肥所含养分完全、浓度较高；粉碎程度越高，腐烂分解和产生肥效就越快。一般饼肥含有机质75%～85%、氮（N）2%～7%、磷（P_2O_5）1%～3%、钾（K_2O）1%～2%，其C/N为8～20，极易分解腐烂，其作用接近于等养分的化肥。

（七）海肥类

包括鱼类、鱼杂类、虾类、虾杂类等，低C/N。鱼杂类和虾蟹类含氮、磷较多；贝壳类除含氮、磷、钾外，富含碳酸钙；海星类中氮、磷、钾较多。这类肥料中的氮大多以蛋白态存在，大部分磷为有机态，贝壳类中的磷以磷酸三钙为主。同时，均含有一定数量的有机质，其中以鱼杂类和虾蟹类较多。这类肥料需要经沤制后方能施用，属迟效性肥料，宜作基肥施用。

（八）腐植酸类

包括褐煤、风化煤、腐植酸钠等；兼有机肥料和无机化肥两者的优点，具有肥效和刺激生长两种特性。其阳离子交换容量（CEC）较高，有很好的缓冲性能。

（九）沼肥

包括沼渣、沼液。沼渣是由部分未分解的原料和新生的微生物菌体组成，分为三部分：一是有机质、腐植酸，对改良土壤起着主要作用；二是氮、磷、钾等元素，满足作物生长需要；三是未腐熟原料，施入农田继续发酵，释放肥分。沼液中含有丰富的氮、磷、钾等营养元素。

（十）商品化有机肥料

以畜禽粪便、农作物秸秆、动植物残体等来源于动植物的有机废弃物为原料，经无害化处理和工厂化的腐熟发酵过程生产而成的肥料，称为商品化有机肥料。它克服了农家肥腐熟不彻底、病菌多、肥效慢的缺点。目前用于制作商品有机肥的原料主要有以下几种：一是自然界有机物，如枯枝落叶；二是农业作物或废弃物，如绿肥、作物秸秆、豆粕、棉粕、食用菌菌渣；三是畜禽粪便，如鸡鸭粪、猪粪、牛羊马粪、兔粪等；四是工业废弃物，如酒糟、醋糟、木薯渣、糖渣、糠醛渣发酵过滤物质。经过无害化处理以后，这些原料生产的商品有机肥都可以用于果园果树生产。

六、有机无机复混肥

有机无机复混肥是一种既含有机质又含适量化肥的复混肥。它是对粪便、草炭等有机物料，通过微生物发酵进行无害化和有效化处理，并添加适量化肥、腐植酸、氨基酸或有益微生物菌，经过造粒或直接掺混而制得的商品肥料。

有机无机复混肥严格意义上不属于有机肥，是以有机肥和化肥为原料配制而成的稳产绿色环保肥料，同时具有无机化肥肥效快和有机肥料改良土壤、肥效长的特点。与单施有机肥或化肥相比，有机无机复混肥可以达到作物增产和品质提高的目标，还会避免土壤质量和环境污染问题。

有机无机复混肥有机质部分主要为有机肥，是以动植物残体为主，经过发酵并腐熟的有机质，能够有效为植物提供有机营养元素。同时，添加氮、磷、钾等无机化肥，实现养分含量均衡，发挥有益菌固氮、解磷、解钾的作用，促进氮、磷、钾的吸收，提高氮、磷、钾吸收率。相比只施氮、磷、钾肥，养分吸收率能提高30%～50%。部分产品还添加其他有益元素如微肥、多酶、多肽等，使其营养更加全面。施用有机无机复混肥时要结合有机肥和化肥的特点，根据果树养分需求规律、肥料特性，按照产品说明书推荐用量进行合理施用。

七、缓控释肥料

缓控释肥料从广义上讲是指养分释放速率慢、释放周期长，能够满足作物整个生长周期养分需求的肥料。但从狭义上讲，缓释肥和控释肥的概念又存在差异。缓释肥又被称为长效肥料，主要指施入土壤后转变为植物有效养分的速度比普通肥料缓慢的肥料；其释放速率、方式和持续时间不能很好地被控制，受施肥方式和环境条件的影响较大。缓释肥的高级形式为控释肥，是指通过各种机制措施预先设定肥料在作物生长季节的释放模式，使其养分释放规律与作物养分吸收基本同步，从而达到提高肥效目的的一类肥料。

缓控释肥包括两大类：第一类是包膜缓控释肥，分为无机包膜控释肥和有机包膜控释肥。无机包膜材料是将硫黄、高岭土、膨润土、氧化镁、硅酸盐等材料通过物理吸附的方法固定在肥料颗粒表面，减少水分进入肥料达到养分缓慢释放的目的。有机物包膜材料包括天然聚合物、合成聚合物、生物质包膜材料等。第二类是不包膜缓控释肥，分为合成型缓控释肥和抑制型缓控释肥。合成型缓控释肥是通过添加化学试剂与养分结合，达到水环境下养分缓慢释放目的的肥料。抑制型缓控释肥是将抑制剂与肥料混合得到的一种具有缓释效果的新型肥料，主要是通过降低尿素在环境中的水解速度以及铵态氮的硝化速率达到缓释目的，减少养分流失。

缓控释肥料是一种根据作物不同生长阶段对营养需求而释放养分的新型肥料，具有控制肥料养分释放、肥效周期长等特征，可使传统化肥利用率提高20%～50%乃至一倍以上。缓控释肥料可以延缓或控制肥料养分的释放率和释放时间，使肥料养分释放与作物养分吸收规律相吻合，一次性施肥可满足作物整个生长期所需且不会造成"烧苗"，简化施肥技术，节约用工成本，提高肥料利用率。缓控释肥具有肥效长、养分利用率高、环境污染小、使用方便快捷等特点。经过30多年的研究，缓控释肥料已由原来的简单缓释发展到目前的控制释放，并强化控释肥料养分释放模式与作物吸收模式基本匹配的功能。

合理施用缓控释肥是实现作物最大化增产增效的重要措施。首先，要根据不同作物的需肥要求选择适宜的肥料种类，不同作物对缓控释肥养分类型、配比、释放的要求存在较大差异，因此根据不同作物研制的专用缓释肥具有较高的应用潜力。其次，不同缓控释肥对外界环境的响应存在巨大差异。温度、水分是影响缓控释肥养分释放的主要环境因素，因此选择的缓控释肥对于施肥地区的降水和温度要有较好的耐受性。在降水较多的南方地区，推荐施用树脂包膜的缓控释肥，其对水分的耐受性更高，具有较好的稳定性；在降水较少的北方地区，推荐施用硫包膜和脲甲醛等缓释肥，它们可在水分含量较高的条件下加速溶解释放，因此在降水较少的地区施用可以减缓养分的释放，达到更好的使用效果。

果树等多年生经济作物特别依赖化学肥料。近年来，缓控释肥得到了越来越多人的青睐，彻底摆脱了"贵族肥料"的头衔。果园里长达3年的定位试验结果显示施用缓控释肥料处理较农民习惯施肥处理能显著提高苹果产量10%左右，但是苹果含糖量差异不显著。一次性施用缓控释肥可以满足苹果整个生育期内的养分需求，能够减少氮肥的施入量，提高苹果的品质，节约了成本和劳动力，极大地降低了果品的生产成本。

八、微生物肥料

微生物肥料又称生物肥料，是一类含有特定微生物活体的制品，应用于农业生产，通过其中所含微生物的生命活动，增加植物养分的供应量或促进植物生长，提高产量，改善农产品品质及农业生态环境。目前，微生物肥料包括微生物菌剂、复合微生物肥料和生物有机肥。

（一）微生物菌剂

微生物菌剂又称微生物接种剂，是指一种或一种以上的功能微生物经工业化生产增殖后直接使用，或经浓缩、载体吸附而制成的活菌制品，具有菌数高、用量少、产品品种多样、适用对象广泛等特点。

微生物菌剂根据产品剂型可分为液体、粉剂和颗粒剂型；根据菌种组成可分为单一菌剂和复合菌剂；根据菌种种类可分为细菌菌剂、真菌菌剂和放线菌菌剂；根据菌种功能类型又可以分为固氮菌菌剂、根瘤菌菌剂、解磷菌剂、硅酸盐细菌菌剂、光合细菌菌剂、促生菌剂、有机物料腐熟剂、菌根菌剂、生物修复菌剂等9种类型。

（二）复合微生物肥料

传统微生物肥料产品中仅含有微生物成分，与化学肥料相比，微生物肥料的推广使用虽然更符合食品安全的需求，但存在养分低、见效慢等问题。而市场选择或农民使用过程中，希望将不同种类肥料的优点集于一体，同时达到减少化肥用量、增产、改善品质、保护环境安全的目的。随着生产工艺技术的突破，市场出现了含有无机成分的微生物肥料——复合微生物肥料。这类肥料集微生物、有机和无机成分于一体。

复合微生物肥料是指目的微生物经工业化生产增殖后与营养物质复合而成的活菌制品。主要分为以下两种类型：

1.两种或两种以上微生物复合的微生物肥料，可以是同一种微生物的不同菌株复合，也可以是不同种微生物的复合。

2.微生物与各营养元素或添加物、增效剂的复合。在充分考虑复合物的用量、复合剂中pH和盐离子浓度对微生物影响的前提下，可采用在菌剂中添加一定量的大量营养元素、微量营养元素、稀土元素、植物生长激素等复合方式进行复合微生物肥料的生产。

常见的复合微生物肥料产品有：微生物微量元素复合生物肥料，联合固氮菌复合生物肥料，固氮菌、根瘤菌、磷细菌和钾细菌复合生物肥料，有机无机复合生物肥料，多菌株多营养生物复合肥。

（三）生物有机肥

生物有机肥是指特定功能微生物与主要以动植物残体（如畜禽粪便、农作物秸秆等）为来源并经无害化处理、腐熟的有机物料复合而成的一类兼具微生物肥料和有机肥料效应的肥料。生物有机肥生产过程中一般有两个环节涉及微生物的使用，一是在腐熟过程中加入促进物料分解、腐熟兼具除臭功能的腐熟菌剂，其多由复合菌系组成，常见菌种有光合细菌、乳酸菌、酵母菌、放线菌、青霉、木霉、根霉等；二是在物料腐熟后加入功能菌，一般以固氮菌、溶磷菌、硅酸盐细菌、乳酸菌、假单胞菌、芽孢杆菌、放线菌等为主，在产品中发挥特定的肥料效应。

微生物肥料除了可以作基肥、种肥、追肥外，还可用于叶面喷施等。微生物肥料是生物活性肥料，施用方法比化肥、有机肥严格，有特定的施用要求，使用时应注意施用条件，严格按照产品使用说明书操作，否则难以获得良好的使用效果。施用时应注意以下几点：

1. 微生物肥料对土壤条件要求相对比较严格。微生物菌剂施入土壤后，需要一个生长、繁殖的过程，一般15天之后才可发挥作用，能长期均衡地为植物供给养分。

2. 微生物肥料适宜在清晨和傍晚或无雨阴天，避免阳光中的紫外线杀死微生物或降低微生物活性。

3. 微生物肥料应避免在高温干旱条件下使用，施用时注意温度、湿度的变化。在高温干旱条件下，微生物生长和繁殖会受到影响，无法充分发挥其作用。要结合盖土浇水等措施，避免微生物菌剂受到阳光直射或因水分不足等不良环境因素的影响。

4. 微生物肥料不能长期泡在水中。在水田施用时应注意干湿灌溉，促进微生物活动。好氧性微生物为主的产品，尽量不要应用于水田。同样，严重干旱的土壤也会影响微生物的生长繁殖，微生物肥料适宜的土壤含水量为50%～70%。

5. 微生物肥料可以单独施用，也可与其他肥料配施。但要注意微生物肥料不宜与未腐熟有机肥混用，高温或有害物质会影响微生物生长繁殖，甚至造成死亡。有的微生物菌剂不宜与化肥混合施用，尤其是一些与固氮相关的微生物菌剂不宜与化学氮肥混施。

6. 微生物肥料不能与农药同时使用。化学农药会抑制微生物的生长繁殖，甚至杀死微生物。不能用拌过杀菌剂、杀虫剂的工具装微生物肥料。

7.微生物肥料不宜久放。拆包后要及时施用，长期存放可能导致其他微生物侵入，导致微生物种群发生变化，影响使用效果。

第二节　绿色高效肥料产品设计

一、养分需求量的计算

根据我国苹果园土壤条件，设定我国苹果预期的单产水平为3 000千克/亩。以山东省为例，根据文献调研和编者课题组科研资料，3 000千克/亩产量水平下，100千克苹果（红富士品种）产量吸收氮、磷、钾养分为：N 0.28千克，P_2O_5 0.04千克，K_2O 0.31千克，N：P_2O_5：K_2O为1：0.18：1.10。实现目标产量氮、磷、钾量分别为：N 8.4千克/亩、P_2O_5 1.2千克/亩、K_2O 9.3千克/亩。

山东苹果产区果园土壤氮（N，纯量）供应量为2.5千克/亩。磷、钾按照平衡施肥方法不考虑土壤供应。现阶段氮、磷、钾肥的利用率分别为20%、10%和30%。因此，3 000千克/亩的产量水平氮、磷、钾的需求量为：氮（N，纯量）=（8.4–2.5）/0.20=29.5千克/亩；磷（P_2O_5，纯量）=1.2/0.10=12.0千克/亩，考虑该区域有效磷较高，适当减少10%的磷肥投入，P_2O_5投入量为10.8千克/亩；钾（K_2O，纯量）=9.3/0.30=31.0千克/亩，该区域虽然为贫钾区域，但长期以来钾肥投入较高，土壤有效钾较高，不再增加钾肥施用量。

二、氮、磷、钾元素配比的确定

基肥配方：苹果基肥以磷肥和氮肥为主配合少量钾肥，建议40%氮肥、60%磷肥和30%钾肥作基肥，用量分别为N 11.8千克/亩、P_2O_5 6.48千克/亩、K_2O 9.3千克/亩，N：P_2O_5：K_2O为1：0.55：0.79。

追肥配方：第一次追肥在果实套袋前后进行，使用40%氮肥、20%磷肥和30%钾肥，用量分别为N 11.8千克/亩、P_2O_5 2.16千克/亩、K_2O 9.3千克/亩，N：P_2O_5：K_2O为1：0.18：0.79。第二次追肥在果实膨大期进行，使用20%氮肥、20%磷肥和40%钾肥，用量分别为N 5.9千克/亩、P_2O_5 2.16千克/亩、K_2O 12.4千克/亩，N：P_2O_5：K_2O为1：0.36：2.10。

苹果氮、磷、钾肥配方设计如表5-1所示。

表5-1　苹果氮、磷、钾肥配方设计

肥料类型	氮、磷、钾占全年比例（%）			用量（千克/亩）			N：P_2O_5：K_2O	45%含量肥料配方
	氮肥	磷肥	钾肥	N	P_2O_5	K_2O		
基肥	40	60	30	11.8	6.48	9.3	1：0.55：0.79	20-10-15
第一次膨果肥	40	20	30	11.8	2.16	9.3	1：0.18：0.79	23-4-18
第二次膨果肥	20	20	40	5.9	2.16	12.4	1：0.36：2.10	13-5-27

三、肥料中养分形态与附属成分的添加

（一）腐植酸

腐植酸具有很好的促根效果，腐植酸建议含量在20%以上。

（二）氮形态

基肥建议采用酰胺态氮素，而第一次膨果肥施用时温度较低，第二次膨果肥施用时高温多雨，且养分需求迫切，建议膨果肥添加速效的硝态氮和铵态氮，硝态氮：铵态氮=3：7。

（三）钙

钙作为苹果生长发育必需的营养元素，在植物体内发挥着极其重要的作用。它是细胞壁中胶层形成不可缺少的元素，同时能够维持细胞壁、细胞膜及膜结合蛋白的稳定性，参与细胞内各种生长发育调控作用。钙是非常重要的品质元素，缺钙引起苦痘病、水心病、裂纹等。增加钙肥不仅提高品质，还可缓解土壤酸化。建议复合肥配方中氧化钙添加量为5%～10%。

（四）镁

镁是植物叶绿素和植素的组成成分，镁对光合作用有重要作用。镁离子是多种酶的活化剂。镁可以促进作物对硅和磷的吸收，从而提高作物抗病能力。镁还能促进作物体内维生素A、维生素C的形成，从而提高水果的品质。建议复合肥配方中氧化镁添加量为2%。

（五）硼

硼的作用贯穿生殖生长全过程，促进花芽分化、花芽发育、花粉管的萌发和伸长，促进开花授粉，提高坐果率，基肥和第一次膨果肥硼肥添加量分别为0.2%和0.1%。

四、苹果专用肥配方设计

根据苹果不同时期养分需求规律和生长发育特性，设计了苹果专用肥配方，其中基肥通用配方为20-10-15，第一次膨果肥通用配方为23-4-18，第二次膨果肥通用配方为13-5-27，具体养分形态和肥料配伍见表5-2。

表5-2　苹果专用肥配方设计

肥料类型	$N : P_2O_5 : K_2O$	45%含量肥料配方	氮素形态	钙	镁	硼	硅	腐植酸
基肥	1 : 0.55 : 0.79	20-10-15	酰胺态氮	10%	2%	0.2%	10%	＞20%
第一次膨果肥	1 : 0.18 : 0.79	23-4-18	硝态氮占50%，铵态氮占50%	5%	2%	0.1%	—	＞20%
第二次膨果肥	1 : 0.36 : 2.10	13-5-27	硝态氮占30%，铵态氮占70%	10%	2%	—	—	＞20%

PART 06「第六章」
苹果绿色高效施肥关键技术及模式

第一节　苹果园有机肥施用技术

一、有机肥施用原则

苹果园施用有机肥的主要作用在于增加土壤有机质、改善土壤理化性质，提高土壤生物多样性，提高土壤保水保肥能力。根据有机肥特点、苹果树生长状况、土壤质地和理化性状、气候条件等，有效、合理、安全、经济施用有机肥。

（一）因树施用

根据树龄、树势和产量确定有机肥用量。树龄小、树势强、产量低的果园可少施，树龄大、树势弱、产量高的果园应多施。

（二）因土壤施用

有机质含量较低的土壤应多施用有机肥。质地黏重的土壤透气性较差，宜施用矿化分解速度较快的有机肥；质地较轻的土壤，土壤透气性好，宜施用矿化分解速度较慢的有机肥。

（三）因气候施用

在气温低、降雨少的地区，宜施用矿化分解速度较快的有机肥；在温暖湿润的地区，宜施用矿化分解速度较慢的有机肥。

（四）有机无机相结合

有机肥养分含量低、释放缓慢，应与化学肥料配合使用，以便相互取长补短、缓急相济。

（五）长期施用

充分挖掘有机肥资源，坚持长期施用，维持和提高土壤肥力。

（六）安全施用

有机肥在生产过程中，要求彻底杀灭对果树、畜禽和人体有害的病原菌、寄生虫卵、杂草种子等；应严格控制重金属、抗生素、农药残留等有毒有害物质含量。有机肥使用过程中，应防止因过量施用而造成氮、磷环境污染。

二、有机肥施用技术

（一）有机肥施用方法

1.沟施法

（1）条沟施　指的是在果树行间开沟施入肥料，也可以结合果园深翻进行，在宽行密植的果园，采用这个方法比较适合。果树的根系具有向肥性，这样做的目的主要是引导根系向下、向外生长，让根追肥，从而促进树体的根深叶茂。

（2）环状沟施　此方法比较适用于平地幼龄果树，在树冠外缘垂直投影处开环状沟，树比较小的可以开圆环沟，坡地可以开半环状沟。但挖沟容易切断水平根，而且施肥面积比较小。

（3）放射状沟施　根据树冠的大小，沿水平根的生长方向开放射状沟4～6条。采用这种方式，肥料的分布面积是比较大的，不仅可以隔年更换施肥位置，还可以扩大施肥面，促进根系的吸收。放射状比较适用于成年的果园，或者是果树种植密度比较高的果园。

（4）穴施　在树冠滴水线处挖直径和深度为30～40厘米的穴，有机肥与土掺匀后回填。依树冠大小确定施肥穴数量，每年变换位置，适用于乔砧盛果期果园。

具体如图6-1所示。

图6-1　有机肥施用方式（从左至右依次为环状沟施、条沟施、放射状沟施和穴施）

2.地表覆盖

以作物秸秆或木屑等为原料发酵的体积较大的有机肥，可从距树干20厘米处至树冠滴水线处进行地表覆盖，覆盖厚度10～15厘米。有机肥数量充足时，可选择树冠下全部覆盖；有机肥数量不足时，可选择树冠1/4或1/2区域进行局部覆盖，每年变换覆盖区域。

（二）有机肥施用时间

1.苹果园有机肥一般作基肥在秋季果实采收后施入，有条件的果园也可作追肥施用。

2.不同品种的苹果树施肥时间也存在着差异，早熟的果树品种一般在采收后进行施肥，而中、晚熟的果树则在采收前施肥为宜。

3.施肥时间要考虑果树种类等因素，因地制宜、有针对性地选择施肥时间，这样才能使有机肥的营养价值得以充分利用，避免浪费有机肥。

（三）有机肥施用数量

苹果园中有机肥施用主要为农家肥、普通商品有机肥和生物有机肥，一般根据土壤有机质状况和果树产量水平确定有机肥施用数量。

1.基肥

根据苹果园土壤有机质含量和果树产量水平，分别将果园有机质分为<1%、1%～2%、>2%三个等级，将产量水平分为

<1 500 千克/亩、1 500 ~ 3 000 千克/亩、>3 000 千克/亩三个等级。

根据苹果园土壤有机质含量和果树产量水平，给出的农家肥、普通商品有机肥和生物有机肥基肥推荐用量分别见表6-1、表6-2和表6-3。该用量仅供参考，具体施肥量应根据实际情况而定。此外，农家肥、普通商品有机肥与生物有机肥可搭配施用。

表6-1　农家肥基肥推荐施用量（千克/亩）

土壤有机质含量	堆肥、沤肥、厩肥、沼渣			饼肥		
	产量水平			产量水平		
	<1 500	1 500 ~ 3 000	>3 000	<1 500	1 500 ~ 3 000	>3 000
<1%	2 000	2 500 ~ 3 000	3 500	200	250 ~ 300	350
1% ~ 2%	1 500	2 000 ~ 2 500	3 000	150	200 ~ 250	300
>2%	1 000	1 500 ~ 2 000	2 500	100	150 ~ 200	250

表6-2　普通商品有机肥基肥推荐施用量（千克/亩）

土壤有机质含量	产量水平		
	<1 500	1 500 ~ 3 000	>3 000
<1%	700	800 ~ 900	1 000
1% ~ 2%	500	600 ~ 700	800
>2%	300	400 ~ 500	600

表6-3　生物有机肥基肥推荐施用量（千克/亩）

土壤有机质含量	产量水平		
	<1 500	1 500 ~ 3 000	>3 000
<1%	300	350 ~ 450	500
1% ~ 2%	250	300 ~ 350	400
>2%	150	200 ~ 250	300

2.追肥

商品有机肥，尤其是生物有机肥等作为追肥施用时，可在追施化肥的同时适量施用。沼液作为追肥时，盛果期果园每次每亩结合灌溉施入20 ~ 30米³。

三、注意事项

施用微生物有机肥时，微生物芽孢萌发生长需要一定的外界条件（温度在25 ~ 30℃，水分含量达到60%），所以施用时一定不能直接撒施，也不能直接在阳光直射下施肥。

第二节　果园有机物覆盖技术

苹果园有机物覆盖主要是指将粉碎过后或者加工腐熟的作物秸秆等覆盖到土壤中。果园有机物覆盖技术可改善土壤理化性质，增加土壤保水保肥能力，抑制杂草生长，稳定根区温度，提升作物品质，增加产量。

一、有机物覆盖的优缺点

（一）有机物覆盖的优点

1.扩大根层分布范围

覆盖后，将表层土壤水、肥、气、热和微生物五大肥力因素不稳定状态变成最适态，诱导根系上浮，可以充分利用肥沃、透气的表层养分和水分。

2.保土蓄水、减少蒸发和径流

覆盖后土壤含水量明显增加，除特大暴雨外，雨季不会产生径流。

3.稳定地温

覆盖层对表土层具有隔光热和保温、保墒作用，缩小了表层土壤温度的昼夜和季节变幅，从而避免白天阳光暴晒让土表过热、灼伤根系（35℃以上），同时，也减缓了夜间地面散热降温过程，让地表变化不大。另外，覆盖区早春土温上升慢，推迟几天物候期，有助于避开晚霜危害。

4.提高土壤肥力

连年覆盖有机物可增加土壤有机质含量，例如每亩覆草1 000～1 500千克，相当于增施2 500～3 000千克优质圈肥。若连年覆草3～4年，可增加活土层10～15厘米。覆盖物下0～40厘米土层内，有机质含量达2.67%，比对照园相对提高61.1%。

5.省工省力

除草免耕，大大降低了繁重的除草劳动量或喷施除草剂存在的环境风险，每亩可减少除草用工7～8个，节省投入700～800元。

6.有利于土壤动物和微生物活动

覆盖园土壤水、肥、气、热适宜稳定，腐烂的覆盖物变为腐殖质，为土壤中动物和微生物提供了食物和良好环境。

7.防止土壤泛盐

覆盖后，地面蒸发水分少，因而减少了可溶性盐分的上升和凝聚，盐害减轻。

（二）有机物覆盖的缺点

1.影响根系生长

覆盖后土壤表层吸收根大增，对丰产、优质十分重要，但覆草不能间断，否则，表层根会受到严重损害。切忌春夏覆草，秋冬揭草。

2.造成地表缺氧

覆盖后地表暂时缺氮，需要增施氮肥。

3.增加鼠害和霜冻

覆盖后果园的鼠害和晚霜也略有增加趋势。有霜冻地区，早春应扒开树盘覆盖秸秆，温度回升复原。

4.增加病虫害风险

覆盖后，不少病虫害栖息覆草中过冬，增加了虫害发生危险。

二、有机物覆盖技术

（一）覆盖宽度

幼树果园和矮化砧成龄果园在果树两侧覆盖宽度为0.5～1米，行间采用生草制。乔化成龄果园，行间光照条件较差、根系遍布全园，可采用全园覆盖制度。

（二）覆盖厚度

有机物除提供有机质外，其厚度大小决定了杂草的抑制效果，厚度太薄不能有效抑制杂草，起不到保温、保墒作用。建议覆盖厚度为：不易腐烂的花生壳15厘米左右；玉米秸秆覆盖厚度在20厘米左右；稻草、麦草以及绿肥作物等要容易腐烂，适当增加厚度，在25厘米左右。一般每亩地每年秸秆用量在1 000～1 500千克。成龄密植园可以全园覆盖，幼树园片或草源不足可以行内覆草或只覆树盘。

（三）有机物料的处理

花生壳、稻草、麦草、树叶、松枝、糠壳、锯屑等物料，可直接覆盖树盘（图6-2），如果为坡地，稻草和麦草要覆盖的方向与行向平行，以便阻截降水、防止地表径流等。玉米秸秆一般要好铡成5～10厘米小段，然后覆盖。主干周围留下30厘米左右空隙不要覆盖，防止产生烂根病。秸秆覆盖后撒少量土压实，防止火灾发生。

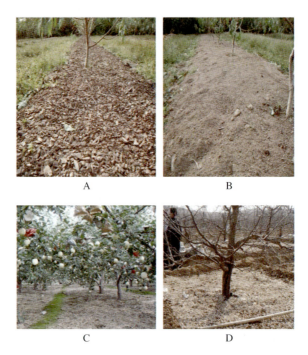

图6-2　果园有机物覆盖
A.腐熟树皮覆盖　B.锯屑覆盖　C.麦草覆盖　D.花生壳覆盖

（四）覆盖时期

一般在春季5月上旬以后，地温回升，果树根系活动时开始覆盖。第二年春季如果覆盖厚度较大，可扒开覆盖物，加快地温回升速度，防止幼树抽条。到地温回升后，恢复覆盖物并添加到适当厚度。

（五）旋耕处理

为了增加下层土壤的有机质含量，在新一轮覆盖工作开始前，可用小型旋耕机在树盘内距离树干30厘米左右旋耕，旋耕深度20厘米左右。这样可以把处于半腐烂状态的有机物料与土壤充分混合，既提高了与土壤微生物接触机会、加快腐烂速度，又增加了下层土壤有机质含量。

（六）调节碳氮比

为了加快秸秆的腐烂速度，可在雨季向覆盖物上撒施适量尿素并零星覆盖优质熟土，或者撒施腐熟的农家肥，促进秸秆腐烂还田。

（七）病虫害防治

为了避免所覆盖材料成为果树病虫栖息场所，覆盖后利用药剂进行病虫害的防治。防治对象主要包括：红蜘蛛、桃小食心虫、金纹细蛾及黑星病、白粉病、轮纹病、锈病等，通过投放毒饵进行鼠害防治。使用药剂应符合NY/T 393—2020《绿色食品　农药使用准则》。

（八）注意事项

1. 覆盖尽量不要间断，否则表层根会受到严重损害。
2. 覆盖后地表暂时缺氮，需要增施氮肥。
3. 覆盖后果园的鼠害和晚霜也略有增加趋势。
4. 霜冻地区，早春应扒开覆盖物，地温回升后复原。
5. 覆盖后，不少病虫害栖息覆草中过冬，增加了病虫害发生危险。

第三节　果树枝条堆肥化利用技术

利用果树枝条粉碎物快速发酵制作堆肥，可将果农废弃的果树枝条变废为宝，既能充分利用资源，又能美化农村环境、改善生态。重要的是利用此项技术不仅可以获得纯正的高质量的微生物有机肥，而且极大地改善土壤性能，提高果园土壤有机质含量。

一、果园枝条堆肥原理

果园枝条堆肥，主要指在各类真菌、细菌等一系列微生物的综合作用之下，采用人工控制发酵方式，使果树枝条中的可降解有机物质转化为矿物质，最终形成腐熟产品的过程。堆肥属于堆肥化过程的主要产物，其营养物质含量较高，属于有机肥料的一种，肥效较长，肥料的性能稳定，能够保证果树土壤性质得到更好改善。

二、果实枝条堆肥关键技术

（一）枝条粉碎
用枝条粉碎机将新鲜枝条直接粉碎成2～5厘米即可。

（二）腐熟处理
将粉碎后的枝条碎片和畜禽粪便、作物秸秆等混合、加湿到60%左右的湿度，混入有益生物菌和发酵剂，堆积高度1米左右，用塑料布覆盖促其发酵（图6-3），冬季要发酵6个月、夏季3个月。

图6-3　果树枝条堆肥腐熟过程

（三）腐熟后施用
充分腐熟后的枝条按有机肥施用技术，与土壤混合后覆盖在树冠外围吸收根密集分布区域即可。或将粉碎后的枝条碎片用多菌灵、辛菌胺、氯溴异氰尿酸等药剂喷雾杀菌并适当堆沤后，直接覆盖在果园地面，厚度1～2厘米即可。

此种方法可压制杂草，缓慢提高果园有机质，但需要大量的枝条，同时还要注意果园防火。

三、影响枝条堆肥效果的因素

（一）环境温度

微生物活动过程中，温度对其影响特别大，包括果树枝条的堆肥效果，也受外界温度的影响。微生物在生长代谢过程中，会释放一定的热量，使得堆体温度越来越高。

（二）土壤水分含量

在堆肥的过程中，水分的重要作用体现在以下几方面：将有机物溶解；为微生物的新陈代谢提供水分；利用水分蒸发将堆肥的热量带走，保证堆肥温度不断下降。所以，堆肥原材料含水量对果树堆肥反应速率影响较大。堆肥原料含水量比较低，会导致堆肥产品质量下降。

（三）通风效果

好氧微生物在氧气充足的条件下对有机物质实施快速降解，这一过程常被称为好氧堆肥。氧气含量对好氧堆肥效果影响特别大。通过定期对堆肥体进行通风，能够为堆肥体内的微生物提供充足氧气，保证堆肥体的温度得到更好控制。因此，为了进一步提升果树修剪枝条堆肥效果，技术操作人员需要定期进行通风。

（四）粉碎枝条粒径

利用粉碎机将堆肥原材料粒径进行合理调节，保证堆肥原材料的粒径符合相关规定数值，推动堆肥化进程，保证堆肥的发酵效果得到全面提升。在果树堆肥过程当中，pH对碳、氮含量影响较大，同时也会影响微生物的生长发育速度。当pH呈现中性或是弱碱性时，则能够提高堆肥微生物的生长繁殖速率；当pH过高或者过低时，会对堆肥进程与微生物生长繁育产生抑制作用。

（五）微生物菌剂含量

堆肥发酵过程，主要指的是微生物经过代谢与繁殖，将堆肥中的有机物质进行充分分解，将肥料中的有机物质转化成无机态养分。通过添加适量的微生物菌剂，使得堆肥中的微生物数量不断增多，保证堆肥腐熟效果得到进一步提升。

（六）堆肥原料

果树修剪枝条经过木屑化处理后，也可以采用热处理方式进行处理，形成大量的生物质炭粉，生物质炭粉也可以当作物料堆肥填充材料，在堆腐的过程中，相关人员可以将堆肥物料与生物质炭进行完全融合，两者会发生相应的作用，从而保证堆肥物料效果得到有效提升。

第四节　果园生草技术

一、果园生草的作用

（一）改善果园小气候

果园生草后，改传统清耕果园的土壤—大气接触模式为土壤—牧草—大气新模式，地表生态因子随之发生变化。研究发现，生草使4—10月苹果园的湿度增加、风速减小，在低温季节具有增温作用，高温季节具有降温效应。近地层光、热、水、气等生态因子发生明显变化，形成了有利于果树生长发育的微域小气候环境。

（二）提高果园土壤质量

生草降低了土壤容重，增加了土壤渗水性和持水能力。割草后草的残体在微生物的作用下，形成有机质及有效态矿质元素，有效提高土壤酶活性，激活土壤微生物活动，提高了土壤质量。

（三）有利于果树病虫害的综合治理

果园生草增加了植被多样化，为天敌提供了丰富的食物、良好的栖息场所，克服了天敌与害虫在发生时间上的脱节现象，使昆虫种类的多样性、富集性及自控作用得到提高，增加了天敌种类和数量，从而减少了虫害的发生，起到了生物防治的效果。

（四）促进果树生长发育，提高果实品质和产量

在果园生草过程中，树体微系统与地表牧草微系统在物质循

环、能量转化方面相互联接，生草直接影响果树生长发育。试验表明，生草栽培果树叶片中全氮、全磷、全钾含量比清耕对照增加，树体营养改善，生草后花芽量比清耕对照可提高22.5%，单果重和一级果率增加，可溶性固形物和维生素C含量明显提高。

二、自然生草技术

自然生草是采用多次刈割，并清除恶性杂草来维护果树行间草本植被的一种技术。自然生草主要用于宽行密植的集约化果园，其他类型果园可参考应用。根据我国苹果园土壤管理现状，采用"行内清耕或覆盖、行间自然生草（＋人工补种）＋人工刈割管理"的模式，行内保持清耕或覆盖园艺地布、作物秸秆等物料，行间其余地面生草（图6-4）。

图6-4　果园自然生草

（一）自然生草草种选择

果园杂草种类众多，要重视利用禾本科乡土草种；以稗类、马唐等最易建立稳定草被（图6-5）。整地后让自然杂草自由萌发生长，适时拔除（或刈割）豚草、苋菜、藜、苘麻等植株高大、茎秆木质化的恶性杂草和牵牛花、䓛草、萝藦、田旋花、卷茎蓼等缠绕茎的草。

I   J

图6-5　果园自然生草常见草种
A.马唐　B.稗草　C.牛筋草　D.狗尾草　E.荠菜　F.附地菜　G.苋菜
H.地锦草　I.夏至草　J.萹蓄

1. 马唐

禾本科，一年生草本植物，株高10 ~ 80厘米，直径2 ~ 3毫米。马唐是一种生态幅较宽的植物，能适应从温带到热带的气候条件。它喜湿、好肥、嗜光照，对土壤要求不严格，在弱酸、弱碱性的土壤上均能良好生长。耐粗放管理，一般每个生长季刈割3 ~ 4次，每次刈割高度在10厘米左右。

2. 稗草

禾本科，一年生草本植物，株高50 ~ 130厘米。稗草广泛分布于全国各地，长在稻田里、沼泽、沟渠旁、低洼荒地。须根庞大，茎丛生，光滑无毛。秆直立，基部倾斜或膝曲，光滑无毛，可在干旱的土地上直立生长，茎亦可分散贴地生长。喜湿润多雨的季节，刈割后的再生能力较强但容易腐烂。

3. 牛筋草

禾本科，一年生草本植物，株高10 ~ 90厘米。分布于全国各地，适宜温带和热带地区。秆丛生，基部倾斜，秆叶强韧。全株可作饲料，又为优良保土植物。牛筋草根系极发达，吸收土壤水分和养分的能力很强，对土壤要求不高，立地条件较差的果园也可发展。

4. 狗尾草

禾本科，一年生草本植物，株高30 ~ 100厘米，草被覆盖度可达6% ~ 100%。须根，秆直立或基部膝曲，适生能力强，抗旱、耐瘠薄，对土壤没有特殊要求，酸性或碱性土壤均可，常在农田、路边、荒地等地生长，立地条件较差的果园可发展。

5. 荠菜

十字花科，一年或二年生植物，又叫护生草、稻根子草、地菜、小鸡草等。荠菜生长范围广，分布在我国各地，漫生于路旁、沟边或田野。荠菜植株高15～30厘米，根系较浅，须根不发达。荠菜为耐寒性植物，适宜于冷凉和湿润的气候，需要充足的水分，最适宜的土壤湿度为30%～50%，对土壤要求不严格，一般在土质疏松、排水良好的土地中可以发展。

6. 附地菜

紫草科，一年生草本植物，株高5～30厘米，地面盖度可达12%～53%。萌发生长较早，在辽宁地区4月上中旬开展萌发，5—6月生物量大量形成，6月末至7月初籽粒成熟，植株逐渐枯萎。茎丛生，一般生长较密集，基部的分枝较多，铺散于地面，在土壤、光照较好的果园，容易形成绿色的草毯。附地菜由于植株矮小，不需要刈割，且生物量形成较早，是果园禾本科杂草搭配的适宜草种。在我国西藏、内蒙古、新疆、江西、福建、云南、东北、甘肃等地广泛分布。

7. 苋菜

苋科，一年生草本植物，株高80～100厘米，有分枝。苋菜根较发达，分布深广。植株生长季长，从春季5月中下旬萌发，6—7月大量生产长，8月中下旬开花，直到11月后种子成熟枯萎。由于成熟后茎秆坚硬，因此，建议在7月茎秆成熟前，全园旋耕、翻压，为后期杂草的生长创造条件。苋菜喜温暖，较耐热，生长适温23～27℃，20℃以下生长缓慢，喜欢湿润土壤，但不耐涝，适应性强，全国范围内均有分布。

8. 地锦草

大戟科，一年生匍匐草本，别名：小虫儿卧单、酱瓣草、血风草、马蚁草、雀儿卧单、猢狲头草、扑地锦、奶花草、奶草、奶汁草、铺地锦、铺地红、红莲草、斑鸠窝、三月黄花、地蓬草、铁线马齿苋、蜈蚣草、奶痛草。茎纤细，近基部二歧分枝，带紫红色，无毛，质脆，易折断，断面黄白色，中空。叶对生，叶柄极短或无柄，叶片长圆形，先端钝圆，基部偏狭，边缘有细齿，两面无毛或疏生柔毛，绿色或淡红色。铺散于地面，在土壤、光照较好的果园，容易形成绿色的草毯。植株矮小，基本不需要刈割。

9. 夏至草

唇形科，夏至草属植物，多年生草本，株高15～35厘米。茎四棱形，具沟槽。叶半圆形、圆形或倒卵形，掌状3浅裂至3深裂。轮伞花序。花萼管状钟形。花冠白色，稍伸出于萼筒，长约6毫米，二唇形，上唇长圆形，全缘，下唇3裂。雄蕊4，不伸出，后一对较短。花柱先端2浅裂，与雄蕊等长。花盘平顶。小坚果，长卵状三角形，长约1.5毫米，褐色。花期3～5月，果期5～6月。夏至草春季生长迅速，至6月中下旬地上部枯萎，为果园春季可以利用的草种。

10. 萹蓄

蓼科，蓼属植物，一年生草本。茎平卧或直立，高10～40厘米。叶窄椭圆形或长圆倒卵形，叶柄短或近无柄。花单生或数朵簇生于叶腋，遍布于植株。花梗细，顶部具关节。花被5，深裂，花被片椭圆形，绿色，边缘白色或淡红色。雄蕊8，花丝短。花柱3，分离。瘦果卵形，具3棱，黑褐色，与宿存花被近等长或稍超过。花期5—7月，果期6—8月。

除以上乡土草种外，其他可以利用的野生草种还有独行菜、狗牙根、虎尾草、斑种草、薤白等浅根性草（图6-6）。

图6-6 斑种草（左）和虎尾草（右）

（二）人工补种

自然生草不能形成完整草被的地块需人工补种，增加草群体数量；人工补种可以种植商业草种，也可种植当地常见单子叶乡土草（如马唐、稗、光头稗等）。采用撒播的方式，事先对拟撒播的地块稍加划锄，播种后用短齿耙轻耙使种子表面覆土，稍加镇压或踩实，有条件的可以喷水、覆盖稻草或麦秸等保墒，草籽萌芽拱土时撤除。

（三）刈割管理

在生长季节适时刈割，留茬高度10～20厘米为宜；雨水丰富时适当矮留茬，干旱时适当高留，以利调节草种演替，促进以禾本科草为主要建群种的草被发育，一定要避免贴地皮将草地上部割秃。

1.刈割时间

刈割时间掌握在拟选留草种（如马唐、稗等）抽生花序之前和拟淘汰草种（如藜、苋菜、苘麻、豚草、草、牵牛花等）产生种子之前。

2.刈割方法

环渤海湾地区自然气候条件下每年刈割次数以4～6次为宜，雨季后期停止刈割。刈割的目的是要调整草被群落结构，并保证"优良草种"（马唐、稗等）最大的生物量与合理的刈割次数。例如，辽宁地区自然条件下，第一次刈割宜在套袋前进行，全园刈割，防止苋菜、藜等植株高大、秸秆木质化的阔叶草生长过于高大。第二次在雨季中期进行，此时单子叶草已成优势草种，只割行内，每行（幼龄）树行内1米范围内刈割，保留行间的草，增加果园蒸腾散水量，防止土壤过湿，引起植株旺长。第三次刈割可在雨季中后期全园刈割一次，防止单子叶草抽穗老化。第四次刈割可在果实膨大末期（雨季后期），全园统一割一次，减少双子叶植物结籽基数。最后一次刈割控制在摘袋前半个月左右，保证摘袋时草被形成新的草被叶幕层。

3.施肥管理

实行生草制的幼龄园、矮砧园生长季注意给草施肥2～3次，已建立稳定草被的果园雨季给草补施 1 ~ 2 次以氮肥为主的速效化肥，每亩用量 10 ~ 15 千克。

4. 翻耕管理

长期生草的果园表层土壤出现致密、板结现象时，应进行秋季耕翻，促进草被更新重建。耕翻时不宜一次性全园耕翻，可先隔行耕翻，翌年耕翻其余树行。

5. 病虫害防控

种群结构较为单一的商业草种形成的草被病虫害较重，尤其是白粉病、二斑叶螨等要注意防控。

6. 覆盖管理

树干基部的草越冬前清理干净，防止田鼠、野兔等越冬期间在草下啃啮树皮。

三、人工生草技术

人工生草就是在果树行间人工种植适宜草种的一种土壤管理方法（图6-7）。

图6-7　果园人工生草

苹果绿色高效施肥技术 >>>

（一）人工生草草种选择原则

1. 以低秆、生长迅速、有较高产草量、在短时间内地面覆盖率高的牧草为主。所采用的草种以不影响果树的光照为宜，一般在50厘米以下，以匍匐生长的草为最好。以须根系草较好，尽量选用主根较浅的草种。这样不至于造成与果树争肥水的矛盾。一般禾本科植物的根系较浅，须根多，是较理想的草种。

2. 与果树没有相同的病虫害。所选种的草，最好能成为害虫天敌的栖息地。生草的草种覆盖地面的时间长，而旺盛生长的时间短，可以减少与果树争肥争水的时间。

3. 要有较好的耐阴性和耐践踏性。

4. 繁殖简便，管理省工，适合于机械化作业。

在生产上，选择草种时，不可能完全满足上述条件，但最主要的是选择生长量大、产草量高、覆盖率大和覆盖速度快的草种。也可选用两种牧草同时种植，以起到互补的作用。

（二）人工生草草种的选择

1. 商品草种的选择

苹果园应选择适应性强、植株矮小、生长速度快、鲜草量大、覆盖期长、容易繁殖管理的商品草种。下面简要介绍苹果园常用的几种商品草种特性（图6-8）。

（1）红三叶 豆科草本植物，又叫作红车轴草、红荷兰翘。喜温暖湿润气候，最适气温在15～25℃，超过35℃或低于−15℃都会使红三叶死亡，冬季−8℃左右可以越冬。耐旱、耐涝性差，要求降雨量在1 000～2 000毫米。主根较短，侧根、须根发达，根瘤可固氮。红三叶可条播也可撒播，撒播时行距15厘米左右，覆土0.5～1.0厘米，不宜过深。为了形成有竞争力的草被，可适当加大播种量，每亩播种1.5千克。

（2）白三叶 豆科草本植物，又叫白车轴草，喜温暖湿润气候，适应性广、耐酸、耐瘠薄，但不耐盐碱，不耐旱和长期积水，最适于生长在年降水量800～1 200毫米的地区，抗寒性较好，在积雪厚度达20厘米、积雪时间长达1个月、气温在−15℃的条件下

图6-8 果园人工生草常用草种
A.红三叶 B.白三叶 C.紫花苜蓿 D.毛叶苕子 E.鼠茅草
F.黑麦草 G.高羊茅 H.早熟禾

能安全越冬。在我国西南、东南、东北、华中、西南、华南各地均有栽培。春季和秋季播种均可，建议亩播种量1.5千克。可进行条播，条播行距20～30厘米，播种深度为1.0～1.5厘米。

（3）紫花苜蓿 又叫紫苜蓿、苜蓿，豆科苜蓿属，多年生草本植物。产草量高，播后2～5年的每亩鲜草产量一般在2 000～4 000千克、干草产量500～800千克。根系发达、适应性广，喜欢温暖、半湿润的气候条件，抗旱、耐寒，对土壤要求不严。成年植株能耐零下20～30℃低温。在积雪覆盖下，−40℃低温亦不致受冻害。春秋季均可播种，以8月中旬至9月上旬播种为适宜，播种深度1.5～2.0厘米，播种量1.5千克以上。

（4）毛叶苕子 豆科一年生或两年生草本植物，主根发达，株高40厘米。在我国江苏、安徽、河南、四川、甘肃等省栽培较多，在东北、华北也有栽培。耐寒性较强，秋季−5℃的霜冻下仍能正常生长。耐旱力也较强，在年雨量不少于450毫米地区均可栽培。毛叶苕子春、秋播种均可。春播者在华北、西北以3月中旬至5月初为宜；秋播者在北京地区以9月上旬以前为好，陕西中部、山西南部也可秋播。亩播种量3～4千克，条播行距30～40厘米。

（5）鼠茅草 禾本科一年生草本植物。鼠茅草根系发达，一般深达30～60厘米。自然倒伏匍匐生长，生长季草被厚密，厚度20～30厘米，可有效抑制杂草。在山东地区，播种时间以9月下旬至10月上旬最为适宜，翌年3—5月为旺长期，6月中下旬连同根系一并枯死。适宜的播种量是每亩1～1.5千克。

（6）黑麦草 禾本科多年生草本植物。黑麦草秆高30～90厘米，根系发达，但入土不深，须根主要分布于15厘米表土层中。喜温、湿气候，降水量500～1 500毫米的地方均可生长。春季和秋季均可播种，秋季播种生物量高。辽宁省春季播种在4月中旬左右，秋播在8月中旬至9月初，播种方式条播或散播均可，条播行距15～30厘米，播种深度1.5～2.0厘米，亩用种量1.5千克左右。

（7）高羊茅 禾本科羊茅亚属多年生草本植物。秆成疏丛或单生，直立，高可达120厘米。高羊茅性喜寒冷潮湿、温暖的气候，不耐高温，喜光，耐半阴，抗逆性强，耐酸、耐瘠薄，抗病性强。

（8）早熟禾　多年生禾本科植物。具有须根，有匍匐根茎。茎直立，一般高25～50厘米。适应性强，喜温暖的气候，耐寒，耐旱、耐瘠薄，耐阴，耐践踏。根茎繁殖很快，分蘖量大，一般一株可分蘖出40～60个，最多可在150个以上。

2. 乡土草种的选择

人工生草的草种可选用当地乡土杂草，最好选用耐粗放管理、生物量大、矮秆、浅根、与果树无共同病虫害且有利于果树害虫天敌及微生物活动的杂草，如马唐、狗尾草、空心莲子草和商陆等。马唐与狗尾草抗旱耐涝、管理粗放、产草量大，是新建果园应用的先锋草种。

（三）人工生草技术

1. 灌溉整地

一般播种前需要根据土壤墒情灌水一次，灌水后每亩撒施1 500千克腐熟农家肥，然后选择适宜在果园内便捷操作的机械，用小型旋耕机等旋耕园区土壤，疏松10～30厘米的土层土壤，实现肥土混匀，并平整土地。石块、树枝较多的果园需要及时清除，避免影响发芽。

2. 草种选择及播种量

草种购买后，播种前应做发芽率试验，一般种子的纯净度要求90%以上，发芽率85%以上。根据草种的习性，一般分为春播草种和秋播草种。具体播种时间根据地区气温高低略有差异，不同草种播种量也明显不同，需要具体对待。一般来讲撒播时实际播种量较条播时需要增加20%～30%。

3. 播种

条播行距15～20厘米即可，人工或条播机均可。白三叶、杂三叶等匍匐性较强的草种可采用撒播的方法。播种深度一般在1～3厘米，黏重的土壤播种深度适当浅些，沙壤土播种深度深些；

小粒种子播种宜浅，大粒种子宜深些。条播后用钉耙搂土覆盖，撒播的用钉耙往同一方向轻耙，将种子耙入土中。播种后需要立即进行人工脚踩或镇压器镇压，保证种子和土壤密切接触。镇压后及时灌水，保证0～20厘米土层湿润。

4. 肥水管理

幼龄园生长季补施2～3次尿素，防止树草营养竞争；建立完整草被后的园子雨季给草补施1～2次尿素，促进草的生长。每次每亩用量10～15千克，可以趁雨撒施。果树冬灌时，需要及时灌冻水1次，以保持20厘米以内土壤湿润。

5. 刈割管理

生长季节适时刈割，调节草种演替，以禾本科草为主要建群种的草被发育。刈割时间掌握在拟选留草种（如马唐、稗等）抽生花序之前和拟淘汰草种（如藜、苋菜、苘麻等）产生种子之前。自然气候条件下每年刈割次数以4～6次为宜，雨季后期停止刈割。草长到30～40厘米时进行刈割，刈割留茬高度10～20厘米为宜，雨水丰富时适当矮留茬，干旱时适当高留。秋播的当年不进行刈割，自然生长越冬后进入常规刈割管理。刈割的草可覆盖在树盘下，厚度10厘米左右，也可收集起来堆制堆肥。

6. 杂草清除

生草初期应及时清除杂草（图6-9），春季播种的鼠茅草需要人工去除杂草2～3次；从4月中旬开始，每隔10天除草1次，直到鼠茅草长至20厘米高、具备极强抑制杂草能力为止。

A   B   C

D

E

图6-9　果园应去除的杂草
A.曼陀罗　B.藜　C.反枝苋　D.刺儿菜　E.苘麻

7.覆盖管理

果园人工生草耐寒性差，在自然条件下不能安全越冬的草种需要在日平均气温接近0℃时进行越冬覆盖。覆盖材料选择农作物秸秆或刈割后的生草时，覆盖厚度为5～8厘米；选用农膜覆盖时，覆盖宽度应宽于生草地的宽度，农膜厚度为0.02毫米，四周用土压实。翌年返青后，平均气温回升至5℃以上，及时清理覆盖材料。易腐烂的有机覆盖材料可直接覆盖于树盘下，将其他材料清理出果园，另作处理。

8.病虫害防控

结合果树病虫害防控施药，给地面草被喷药，防治病虫害。种群结构较为单一的商业草种形成的草被病虫害较重，尤其是锈病、白粉病、二斑叶螨等要注意防控。

第五节　苹果氮、磷、钾养分
最佳管理技术

养分最佳管理包括四个方面，即正确的肥料类型、正确的施肥数量、正确的施肥时期和正确的施肥方法。

一、选择最佳的养分类型（施什么肥）

（一）肥料类型

有机肥包括有豆粕、豆饼类，生物有机肥类，羊粪、牛粪、猪粪、商品有机肥类，沼液、沼渣类，秸秆类等。选用的有机肥应符合国家标准，尤其注意重金属含量。

化肥包括：尿素、过磷酸钙、硫酸钾、硝酸钙等单质化肥以及复合肥。选择氮肥时，肥料中缩二脲含量不应超过2%。尽量避免选择含氯肥料。

（二）选择肥料类型的依据

施什么肥主要根据苹果对养分的需要、土壤测试结果、不同树龄和年周期不同时期的需求来进行推荐。

根据营养诊断结果进行施肥是精准施肥的基本程序。苹果营养诊断的方法有叶分析法、土壤分析法、果实分析法以及树相诊断法等。欧美等果树栽培发达国家主要采用叶分析法。我国虽然也建立了叶分析的诊断标准，但由于我国果农经营面积小、分散，叶分析为基础的诊断难以在生产上大面积应用。土壤分析法虽然不能给出施肥量的建议，但可以指示土壤养分丰缺，为施肥提供重要参考。表6-4是我国苹果园土壤养分丰缺指标，在含量低及以下就要补充，在较高以上就要减少施肥量。

表6-4　我国苹果园土壤有机质和养分含量分级指标

养分种类	极低	低	中等	适宜	较高
有机质（%）	< 0.6	0.6 ~ 1.0	1.0 ~ 1.5	1.5 ~ 2.0	> 2.0
全氮（%）	< 0.04	0.04 ~ 0.06	0.06 ~ 0.08	0.08 ~ 0.10	> 0.1
速效氮（毫克/千克）	< 50	50 ~ 75	75 ~ 95	95 ~ 110	> 110
有效磷（毫克/千克）	< 10	10 ~ 20	20 ~ 40	40 ~ 50	> 50

（续）

养分种类	极低	低	中等	适宜	较高
速效钾 （毫克/千克）	< 50	50 ～ 80	80 ～ 100	100 ～ 150	> 150

　　果树为多年生作物，从开始栽培到死亡，在同一块地上要生长十几年甚至几十年。其生命周期一般经过幼龄期、初果期、盛果期、更新期和衰落死亡期等几个时期，不同的生命周期中因果树生理功能不同，其对养分需求也有很大的差别。幼龄期果树需肥量较少，但对肥料特别敏感，要求施足磷肥以促进根系生长；在有机肥充足的情况下可少施氮肥，否则要施足氮肥；适当配施钾肥；建议 N：P_2O_5：K_2O 为 1：2：1。初果期是果树由营养生长向生殖生长转化的关键时期，施肥上应针对树体状况区别对待，若营养生长较强，应以磷肥为主，配施钾肥，少施氮肥；若营养生长未达到结果要求，培养健壮树势仍是施肥重点，应以磷肥为主，配施氮、钾肥；建议 N：P_2O_5：K_2O 为 1：1：1。盛果期施肥主要目的是优质丰产，维持健壮树势，提高果品质量，应以有机肥与氮、磷、钾肥配合施用，并根据树势和结果的多少有所侧重，建议 N：P_2O_5：K_2O 为 2：1：2。在更新衰老期，施肥上应偏施有机肥与氮肥，以促进更新复壮、维持树势、延长盛果期，建议 N：P_2O_5：K_2O 为 3：1：2。

　　年周期中苹果施肥根据营养需求特点可分为四个时期：第一个时期为秋季（晚熟品种采果后），是基肥施肥期，包括有机肥和化肥，化肥要加强氮肥、磷肥，配施钾肥；第二个时期为春季（3月中旬），是第一次追肥期，主要是氮肥和钙肥等；第三个时期为花芽分化期（6月中旬），要增加磷肥；第四个时期为二次膨果期，前氮后钾，增加钾肥施用。

（三）有机肥与化肥比例

　　目前我国苹果园在养分投入类型上存在一大问题是有机肥投

入不足，化肥投入过量。为提高果实品质和土壤质量，保障苹果产业绿色可持续发展，在施肥类型上要减少化肥比例、增加有机肥特别是生物有机肥投入，建议有机肥带入的养分占总养分投入的30%～50%。

二、最佳的施肥量（施多少肥）

施多少肥的主要依据是养分平衡原理，即施肥量为作物带走量和养分损失量，推荐施肥量还要考虑各种养分的性质及其利用率等因素。

氮素是把"双刃剑"，一方面氮作为果树生长所需量最大的元素，在果树产量和品质形成中发挥重要作用，其缺乏会对果树产量和品质产生不利影响；另一方面氮供应过多也会对产量和果实品质产生不利影响，同时还会产生一系列环境问题（如土壤硝酸盐积累、温室气体排放等）。由于氮素资源具有来源的多样性、去向的多向性及其环境危害性、产量和品质对其反应的敏感性等特征，因此，对氮素养分应进行精确管理。丰产稳产苹果树中每年氮含量处于一个相对稳定的状态，其果实干物质占总干物质的一半以上，因此国际上大多数国家在氮肥施用量的确定上都以目标产量为主要指标来确定，1 000千克产量需氮量的计算公式如下：

每1 000千克产量果实氮移出量＝1 000千克×果实含氮量（干重）

1 000千克产量需氮量＝每1 000千克产量果实氮移出量/果实氮移出量占整株吸氮量比例

根据上述公式，形成1 000千克产量嘎拉、金冠、元帅、红富士和国光的氮素需求量为1.5千克、1.5千克、2.5千克、2.5千克和3.0千克。

由于红富士苹果占我国苹果栽培面积的近70%，而红富士苹果形成1 000千克产量需要2.5千克左右氮（折纯），以氮肥利用率为35%～50%（35%是目前常规管理控制施肥量下较高利用率作为施肥量计算的上限，50%是采用新技术和新型肥料下利用率作为施肥量计算的下限）计算，我国红富士苹果形成1 000千克产量氮肥的最少施用量为5 ~ 7千克（折纯）。考虑到大多数果园氮肥利用率不足30%，推荐量可以放宽到6 ~ 10千克（折纯）。如果选择控释氮肥，养分投入量可减少25%左右。

磷和钾在果园土壤中移动性相对较小，损失也较少，在土壤中可以维持较长时间的有效性，且在适量施肥范围内，增加或减少一定用量不会对果树生长和产量造成很大的波动。因此磷、钾养分管理采取"恒量监控"的方法进行。苹果"磷、钾养分恒量监控"方法，是通过定期（一般3 ~ 5年）的果园土壤磷、钾测试，在土壤测试值基础上依据土壤磷、钾含量范围（低、中、高）结合果树目标产量的磷、钾养分需要量来制定今后一定时期（3 ~ 5年）内果树的磷、钾施用量（表6-5、表6-6）。如果土壤磷、钾养分含量处于低水平，则磷、钾肥施用不仅要满足果树对磷、钾养分的需求，还应通过施肥使土壤磷、钾含量逐步提高到较为适中的水平，因此磷、钾肥推荐量一般超过果树目标产量的需求量；如果土壤磷、钾养分含量适宜，则施用量只要满足果树对磷、钾的需求即可；如果土壤磷、钾养分含量很高，则应该逐步减少磷肥用量，促使根系利用土壤磷、钾养分，使土壤磷、钾含量通过果树的吸收、消耗最终维持在一个适宜的范围内。磷和钾可以采用与氮相同的公式进行计算，也可以按照盛果期苹果 $N : P_2O_5 : K_2O$ 为2 : 1 : 2进行估算，一般红富士苹果形成1 000千克产量磷肥施用量为3 ~ 5千克（折纯）、钾肥施用量为6 ~ 11千克（折纯）。

表6-5　红富士苹果盛果期磷肥（P_2O_5）追肥推荐用量（千克/亩）

Olsen-P (毫克/千克)	产量水平（千克/亩）			
	2 000	3 000	4 000	5 000
< 15	8 ~ 20	10 ~ 25	15 ~ 30	20 ~ 35
15 ~ 30	6 ~ 15	8 ~ 20	10 ~ 25	15 ~ 30

（续）

Olsen—P (毫克/千克)	产量水平（千克/亩）			
	2 000	3 000	4 000	5 000
30 ~ 45	4 ~ 10	6 ~ 15	8 ~ 20	10 ~ 25
45 ~ 60	2 ~ 4	4 ~ 10	6 ~ 15	8 ~ 20
> 60	< 2	< 60	< 90	< 120

表6-6 红富士苹果盛果期钾肥追肥推荐用量（千克/亩）

速效钾 (毫克/千克)	产量水平（千克/亩）			
	2 000	3 000	4 000	5 000
< 50	20 ~ 40	25 ~ 50	30 ~ 60	35 ~ 70
50 ~ 100	15 ~ 30	20 ~ 40	25 ~ 50	30 ~ 60
100 ~ 150	10 ~ 20	15 ~ 30	20 ~ 40	25 ~ 50
150 ~ 200	5 ~ 10	10 ~ 20	15 ~ 30	20 ~ 40
> 200	< 5	5 ~ 10	10 ~ 20	15 ~ 30

三、最佳的施肥期（什么时期施肥）

苹果施肥时期与需肥时期和施肥方法有关。

氮素由于损失途径多、移动性强和对产量品质影响大而难管理，因此苹果施肥时期主要以氮肥为主进行推荐。苹果需氮时期可分为三个时期：主要利用贮藏养分期，也是苹果大量需氮期；养分稳定供应期，新吸收的氮用于满足生长需要，贮藏氮分配到新生器官，氮吸收和利用同时进行，枝干器官可积累全部氮需求的60%；养分贮藏期，落叶前叶片约50%的营养回流到多年生器官中。氮素供应原则为：重视基肥、氮肥前移、看果施氮、少量多次。

重视基肥：年周期中需氮最多时期是早春器官发生期，此期果树的萌芽、开花、坐果、新梢生长、幼果膨大以及根系生长等所需养分主要依靠树体内的贮藏养分，^{15}N试验结果表明，此期新生器官建造所需的氮60%～90%来源于树体内的贮藏氮。因此，建议生产上要重视秋季施肥，此期肥料施用量应占全年总量的50%～60%，最佳施用时期为9月中旬至10月中旬，晚熟品种采收后应尽早施用。

氮肥前移：我国苹果市场存在以个头论价的倾向，而我国果园土壤条件较差，只有通过补充氮肥来增大果个，但氮肥施用不当（过量或时期不合适）则引起内在品质下降，既要增大果个又要保证内在品质要求我们在氮肥施用时期上要前移，即50%～60%的氮肥在秋季、20%～30%在春季第一次膨果期，大幅度减少二次膨果期氮肥投入。

看果施氮、少量多次：二次膨果期氮肥投入既不能过量也不是不施肥，氮肥投入量为全年总施氮肥量的20%。在补充策略上一是"看果施氮"，即根据果实发育状况施用氮肥，如果果实个头足够大就要减少氮肥施用，否则要正常施氮肥。二是"少量多次"，此期正处雨季，氮素极易发生径流和深层淋洗，可以采用少量多次的氮肥施用技术来有效降低土壤氮素浓度的变化，有利于保证果实膨大后期养分的稳定供应。

如果选择应用控释氮肥进行追肥，可以在3月进行一次追肥。可选择使用控释期为3个月和6个月的控释氮肥，比例各占一半。

苹果年周期对磷素需求较稳定，磷的供应原则是：增加贮备，全年不断线，关键时期适当多施。即50%左右磷肥在秋季（基肥）施入，20%在花芽分化期（6月中旬）施入，其余30%均匀施用。

苹果年周期对钾素需求较集中，钾的供应原则为：抓果实膨大期，适当增加贮备。即50%在果实膨大期（7—9月）施入，30%在秋季（基肥）施入，其余20%均匀施用。

有机肥建议在9月中旬至10月中旬施用，对于晚熟品种，建议在采收后尽早施用。

四、最佳的施肥方法（什么方法施肥）

无论采用什么方法施肥，养分都主要通过根系（根外施肥除外）来吸收，因此最佳的施肥方法是"根层施肥"。根层施肥有两种含义，一种含义是要把肥料施在根层（根系集中分布区），另一种含义是要"先养根，后施肥"。

（一）有机肥

施用方法采取沟施或穴施，沟施时沟宽30厘米左右、长度50～100厘米、深40厘米左右，分为环状沟、放射状沟以及株（行）间条沟。穴施时根据树冠大小，每株树4～6个穴，穴的直径和深度为30～40厘米。每年交换位置挖穴，穴的有效期为3年。施用时要将有机肥等与土充分混匀。

以作物秸秆或木屑等为原料发酵的体积较大的有机肥，可从距树干20厘米处至树冠滴水线处进行地表覆盖，覆盖厚度10～15厘米。有机肥数量充足时，可选择树冠下全部覆盖；有机肥数量不足时，可选择树冠1/4或1/2区域进行局部覆盖，每年变换覆盖区域。

（二）化肥

土壤施肥：采用放射沟法或穴施法进行土壤施肥，深度不宜太深，一般在20厘米左右。

水肥一体化：可采用滴灌、小管出流、微喷等水肥一体化方式。采用水肥一体化时，化肥用量可减少30%～50%。在实施中，还要根据土壤肥力状况和树势对肥料用量进行调整。从花前至果实膨大期，一般灌溉5～6次，可根据降雨情况采取少量多次原则。进入雨季后，根据气象预报选择无雨时进行注肥灌溉；在连续降雨时，当土壤含水量没有下降至灌溉始点，也要注肥灌溉，但可适当减少灌溉水量。

第六节　苹果水肥一体化技术

水肥一体化是通过灌溉系统进行施肥，是水分和养分相结合的技术。水肥一体化技术因节水、省肥、省工、高产、优质、高效、环保等优点成为现代农业技术的重要组成部分，在发达国家的苹果生产中得到广泛应用。目前，我国正在大力推广水肥一体化技术，但在推广过程中，有些果园管理人员观念落后，依旧按照传统施肥的经验去进行施肥，不仅造成水肥资源的浪费，且不利于苹果产量和品质的提升。

一、水肥一体化系统主要组成

一套完整的水肥一体化系统由水源工程、施肥装置、部首枢纽工程、输配水管网、滴水器等几部分组成（图6-10）。

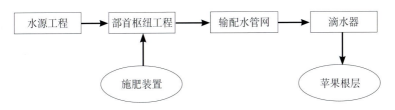

图6-10　系统组成与水肥技术耦合示意图

（一）水源工程

河流、水库、机井、池塘等水源，只要水质符合微灌要求即可。对水源水质的要求，如表6-7所示。

表6-7　滴灌系统堵塞程度的水质临界值表

因素	项目	指标范围		
		轻	中	重
物理因素	可过滤的悬浮物（%）	<5.0	5.0～7.5	>7.5

（续）

因素	项目	指标范围		
		轻	中	重
化学因素	pH	<7.0	7.0 ~ 7.5	>7.5
	可溶性固体（毫克/升）	<500	500 ~ 2 000	>2 000
	镁离子（毫克/升）	<0.1	0.1 ~ 1.5	>1.5
	铁离子（毫克/升）	<0.1	0.1 ~ 1.5	>1.5
	硫化氢（毫克/升）	<0.5	0.5 ~ 2.0	>2.0
	硬度 $CaCO_3$（毫克/千克）	<150	150 ~ 300	>300
生物因素	细菌总数（个/升）	<10 000	10 000 ~ 50 000	>50 000

（二）部首枢纽工程

部首枢纽工程由电机、水泵、过滤器、控制和测量设备（压力调节阀、分流阀、水表）等组成。自动操作时，部首配备电脑自控系统。过滤器是灌溉施肥系统中的关键设备之一，以防止滴头阻塞而影响灌水施肥效果，常用的过滤器有筛网过滤器、砂砾石过滤器、离心式过滤器等。如用井水灌溉，可选用筛网过滤器，以滤掉井水中的沙或石灰石；如用池塘水、河水、水库水或湖水等灌溉，可选用砂砾石过滤器，以清除细沙和水中的漂浮物、藻类、细菌、幼虫。在施肥装置之后，应安装二级过滤器，以避免灌溉水中因加入肥料形成沉淀而堵塞滴头。

（三）施肥装置

常用的有水力、电力、内燃机等驱动的注入泵和压差式施肥罐等。泵入式输入肥液浓度均匀，但是需要外加动力和装置，成本高，易发生故障。压差式施肥装置是利用压力管上的两点形成压力差，将肥液或化学药剂注入系统。

（四）输配水管网

由干管、支管、毛管等组成。

（五）滴水器

滴水器可分为收缩式滴头、长流道管式滴头、涡流式滴头、发丝管、压力补偿式滴头、孔口滴头、膜片式多孔毛管和双壁管（或称滴管带）等，一般可使用流量为 4 ～ 8 升/小时的单出口滴头或流量为 2 ～ 8 升/小时的多出口滴头。目前生产上常用的是滴灌带，即把滴头和毛管加工为一体；滴灌带有压力补偿式和非补偿式两种。

二、水肥一体化施肥的频率和控制

肥料注入微灌系统的频率视情况而定，以保证养分不发生淋溶损失及满足根系的最佳养分需求为准。对苹果来说，灌溉施肥的肥料施用原则是：数量减半、少量多次和养分平衡。

对于单个灌溉周期，一般只需要将所需的肥液量注入肥料罐即可；如采用水力、电力驱动的注入泵，可单独设定施肥量。对连续灌溉，每个灌溉周期的施肥量由控制器控制，也可用单独计量表进行，通过计量表计量注入泵输出的肥料溶液。

若在灌溉周期的一部分时间里施用化肥，可分三阶段进行控制：第一阶段表土先用无肥的水湿润，第二阶段将肥料和水一同施入土中，第三阶段用水冲洗系统使肥料分配到所需的土层。对于易腐蚀的铝管，施肥结束后还要用清水加以清洗。

三、肥料选择

在水肥一体化系统中，使用固体肥料时，固体肥料必须在灌溉水中完全溶解。适于灌溉施肥的高水溶性肥料主要包括硝酸铵、氯化钾、硝酸钾、尿素、磷酸二氢铵和磷酸二氢钾等。肥料溶解度和温度有关，夏季贮存的肥料溶液在秋季易沉淀，因为温度降低后肥料的溶解度也降低。因此，在使用夏季末贮存的肥料溶液时要先将其稀释；冬季可用肥料生产商特别配制的低浓度肥料溶液。微量元素肥料应是水溶性或螯合态的化合物。需强调的是，不同种类的肥料混合时，有可能发生肥料的兼容性问题，表6-8

列出了部分可溶性肥料之间的相容性。根据肥料的兼容性，可以用同类的其他肥料来代替，或者在不同的灌溉循环中施用不同的肥料。

不同的肥料对灌溉水及土壤pH的影响不同。如果施用氨水，灌溉水的pH将会高于7.5，在管道及滴头上易形成钙、镁的碳酸盐和磷酸盐沉淀，而且高pH会降低锌、铁、磷等的有效性。而使用硝酸和磷酸，灌溉水的pH往往降低到4～5，这样的pH有利于维持磷和微量元素的有效性，但要防止pH降得过低，可能导致酸害。还有一些肥料为生理酸性肥料，在灌溉施肥过程中可导致土壤酸化。

表6-8　部分可溶性肥料之间的相容性

	尿素	硝酸铵	硫酸铵	硝酸钙	硝酸钾	氯化钾	硫酸钾	磷酸铵	硫酸铁锌铜锰	氯化铁锌铜锰	硫酸镁	磷酸	硫酸	硝酸
尿素														
硝酸铵														
硫酸铵														
硝酸钙			■											
硝酸钾														
氯化钾														
硫酸钾			▨	■		▨								
磷酸铵														
硫酸铁锌铜锰							▨	■						
氯化铁锌铜锰				▨			▨	▨						
硫酸镁				■			▨	■						

（续）

	尿素	硝酸铵	硫酸铵	硝酸钙	硝酸钾	氯化钾	硫酸钾	磷酸铵	硫酸铁锌铜锰	氯化铁锌铜锰	硫酸镁	磷酸	硫酸	硝酸
磷酸				■						▨				
硫酸				■			▨							
硝酸										■				

注：■表示不相溶；▨表示降低溶解度；□表示相溶。

四、水肥一体化技术方案

（一）新栽幼树水肥一体化方案

对新栽幼树，管理的主要目的是保证成活和促进新梢的生长。在建园前要施足有机肥，磷肥最好采用土壤施用的方法，每亩施用 10.0 ～ 12.5 千克，氮肥和钾肥通过灌溉施肥加入，详细方案见表6-9。该方案建议要结合叶面施肥进行，特别是萌芽后和落叶前要加强叶面施肥。

表6-9　新栽苹果树灌溉施肥计划

栽后周数	灌溉次数	灌水定额 [米^3/（亩·次）]	每次灌溉加入的纯养分量（千克/亩）		
			N	K$_2$O	N+P$_2$O$_5$+K$_2$O
1 ～ 4	2	20	0	0	10.0
4 ～ 6	1	20	2.0	2.5	4.5
6 ～ 8	1	15	2.5	3.5	6.0
8 ～ 10	1	15	1.0	1.5	2.5
10 ～ 12	1	15	1.0	1.5	2.5
12 ～ 24	根据气象情况		1.0	1.0	2.0
24 ～ 28	1	20	2.5	2.5	5.0

（续）

栽后周数	灌溉次数	灌水定额 [米³/(亩·次)]	每次灌溉加入的纯养分量（千克/亩）		
			N	K₂O	N+P₂O₅+K₂O
封冻前	1	30	0	0	0
合计	8	155	10.0	12.5	32.5

（二）幼树到初果期水肥一体化方案

对幼树到初果期树，管理的主要目的是促进新梢的生长和及时促进营养生长向生殖生长的转化。一般而言，水肥一体化进行施肥时N：P_2O_5：K_2O为1：0.75：1.4。

此外，需特别指出，表6-10仅是指导性参考。生产上第5～7年树的水肥一体化施肥计划往往取决于树体扩展空间所达到的生长情况。有些品种像乔纳金、富士等，在第5～7年的每年花后4～8周可能要减少氮肥施用量，尤其是在土质肥沃的土壤中更应如此，这比减少灌溉次数更有利于花芽形成和提早结果。

表6-10　幼树到初果期树的灌溉施肥计划

萌芽后周数	灌溉次数	灌水量 [米³/(亩·次)]	每次灌溉加入的纯N量（千克/亩）							
			瘠薄土壤（有机质含量1.0%以下）				肥沃土壤（有机质含量2.0%以上）			
			≤4年	5年	6年	7年	≤4年	5年	6年	7年
−2*～2	1	25	0	0	0	0	0	0	0	0
2～4	1	20	2.5	2.0	2.0	2.5	2.0	2.5	2.5	2.0
4～6	1	20	3.5	3.0	3.0	4.0	2.5	3.5	3.5	3.0
6～8	1	15	1.5	2.0	2.0	2.5	1.0	1.5	1.5	2.0
8～10	1	15	1.0	2.0	2.0	2.5	1.0	1.5	1.5	2.0
10～12	1	15	1.0	2.0	2.0	2.5	1.0	1.5	1.5	2.0
24～28	1	20	3.0	4.0	5.0		2.5	3.0	3.0	4.0

（续）

萌芽后周数	灌溉次数	灌水量 [米³/（亩·次）]	每次灌溉加入的纯N量（千克/亩）							
			瘠薄土壤（有机质含量1.0%以下）				肥沃土壤（有机质含量2.0%以上）			
			≤4年	5年	6年	7年	≤4年	5年	6年	7年
封冻前	1	30	0	0	0	0	0	0	0	0
合计	8	160	12.5	15.0	15.0	18.5	10.0	12.5	12.5	15.0

*萌芽前2周。

（三）盛果期水肥一体化方案

对盛果期果树，水肥管理的主要目的是维持健壮树势、提高产量和改善品质，养分供应的主要依据是目标产量。表6-11是中等肥力土壤条件不同目标产量下的氮肥用量，磷肥和钾肥用量则根据 $N : P_2O_5 : K_2O = 2 : 1 : 2 \sim 2.1$ 进行计算。中等肥力土壤条件盛果期苹果水肥一体化方案见表6-12。在实施中，还要根据土壤肥力状况和树势对肥料用量进行调整。

表6-11　根据目标产量确定灌溉施肥施氮量

目标产量（千克/亩）	需要的氮素 [N，千克/（亩·年）]	施氮量 [N，千克/（亩·年）]
1 000	1.6	6
2 000	3.2	12
3 000	4.8	18
4 000	6.4	24
≥5 000	8.0	30

表6-12 盛果期苹果树灌溉施肥计划

生育时期	灌溉次数	灌水定额 [米³/（亩·次）]	每次灌溉加入养分占总量比例（%）		
			N	P₂O₅	K₂O
萌芽前	1	25	0	30	0
花前	1	20	10	10	10
花后2～4周	1	25	30	10	10
花后6～8周	1	25	20	10	20
果实膨大期	1	25	20	0	30
采收前	1	15	0	0	10
采收后	1	20	20	40	20
封冻前	1	30	0	0	0
合计	8	185	100	100	100

此外，该计划在应用时，于采收后到落叶前还必须配合施用有机肥；从花前至果实膨大期，一般灌溉5～6次，可根据降雨情况采取少量多次原则。进入雨季后，根据气象预报选择无雨时间注肥灌溉；在连续降雨时，当土壤含水量没有下降至灌溉始点，也要注肥灌溉，但可适当减少灌溉水量。

第七节　苹果叶面喷肥技术

果树除了通过根系吸收养分外，叶片也能吸收养分。叶面喷肥是土壤施肥的有益补充，具有用量少、针对性强、养分吸收运转快、可避免土壤对某些养分的固定等特点，尤其适合于微量元素肥料的施用，增产效果显著，特别是土壤环境不良、水分过多或干旱条件、土壤过酸过碱等因素造成根系吸收作用受阻或苹果树缺素急需补充营养以及生长后期根系吸收能力衰退时，采用叶面喷肥可以弥补根系吸肥不足的问题。

一、叶面肥种类

叶面肥种类繁多，全国范围有数百种乃至千种之多。根据其作用和功能等可把叶面肥概括为以下四大类。

第一类：营养型叶面肥。此类叶面肥中氮、磷、钾及微量元素等养分含量较高，主要功能是提供各种营养元素，改善作物的营养状况，尤其是适宜于生长后期各种营养的补充。

第二类：调节型叶面肥。此类叶面肥中含有调节植物生长的物质，如生长素、激素类等成分，主要功能是调控果树的生长发育等，适于植物生长前期、中期使用。

第三类：生物型叶面肥。此类肥料中含微生物体及代谢物，如氨基酸、核苷酸、核酸类物质，主要功能是促进代谢，减轻和防止病虫害的发生，还能提高果实品质等。

第四类：复合型叶面肥。此类叶面肥种类繁多，复合混合形式多样。其功能有多种，一种叶面肥既可提供营养，又可刺激生长、调控发育和改善品质。

二、叶面肥喷施方法

叶面喷肥的效果往往受多种因素的制约和影响，为提高叶面喷肥的效果应采取科学的喷肥方法。

喷施浓度要适宜在一定浓度范围内，养分进入叶片的速度和数量随溶液浓度的增加而增加，但浓度过高容易发生肥害，尤其是微量元素肥料，叶片营养从缺乏到过量之间的临界范围很窄，更应严格控制。含有生长调节剂的叶面肥，也应严格按浓度要求进行喷施，以防调控不当造成危害。

喷施时间要适宜。叶面喷肥时叶片吸收养分的数量与溶液湿润叶片的时间长短有关，湿润时间越长，叶片吸收养分越多，效果越好。一般情况下保持叶片湿润时间在30～60分钟为宜，因此叶面喷肥最好在傍晚无风的天气进行。在有露水的早晨喷肥，会降低溶液的浓度，影响施肥的效果。喷施时间宜在晴天上午10点前或下午4点后，适宜温度范围为10～25℃；雨天或雨前也不能进行叶面追肥，因为养分易被淋失，起不到应有的作用，若喷后3小时内下雨，需等天晴后及时补喷一次，可适当降低喷施浓度。

喷施于叶片正面和背面，以背面为主。喷施要均匀、细致、周到。叶面喷肥要求雾滴细小、喷施均匀，尤其要注意喷洒在叶的背面，叶片角质层正面比背面厚3～4倍，叶片背面比正面吸收养分的速度更快，吸收能力更强。

喷施次数不应过少，应有间隔。叶面追肥的浓度一般都较低，每次的吸收量是很少的，与果树的需求量相比要低得多。因此，叶面施肥的次数一般不应少于2次。至于在果树体内移动性小或不移动的养分（铁、硼、钙等），更应注意适当增加喷洒次数。在喷施含调节剂的叶面肥时，应注意喷洒要有间隔，间隔期应在一周以上，喷洒次数不宜过多，防止出现调控不当，造成危害。

叶面肥混用要得当。叶面喷肥时，将两种或两种以上的叶面肥合理混用，可节省喷洒时间和用工，其增产效果也会更加显著。但肥料混合后必须无不良反应或不降低肥效，否则达不到混用目的。另外，肥料混合时要注意溶液的浓度和酸碱度，一般情况下溶液pH在7左右中性条件利于叶片吸收。

添加湿润剂/助剂。叶片上有一层角质层，溶液渗透比较困难，为此可在叶面肥溶液中加入适量的湿润剂，如中性肥皂、质量较好的洗涤剂等，以降低溶液的表面张力，增加与叶片的接触面积和时间。

三、叶面肥喷施时期及种类

根据苹果生长发育规律及营养状况选择适宜的叶面肥品种。在选购叶面肥时，应注意包装标明的叶面肥的类型和功能，使叶面施肥的目的与叶面肥的功能一致；还应注意产品有无农业农村部颁发的叶面肥登记证号及产品标准证号，以确保叶面肥质量和施用效果。苹果园叶面肥喷施时期和肥料种类选择见表6-13。

表6-13 苹果园叶面肥喷施时期和肥料种类选择

时期	肥料种类和浓度	作用	备注
萌芽前	3%尿素 + 0.5%硼砂	提高树体贮藏营养水平	落叶早或结果量大或秋季未施基肥的果园,喷施3次,间隔5～7天
萌芽前	1%～2%硫酸锌	预防小叶病	易发生小叶病的果园
萌芽后	0.3%～0.5%硫酸锌	矫正小叶病	出现小叶病时应用
花期	0.3%～0.4%硼砂 + 含有机质类叶面肥	提高授粉质量、坐果率和树体抗性	花序分离期和盛花期各喷施1次
新梢旺长期	0.1%～0.2%柠檬酸铁	矫正缺铁黄叶病	可连续喷施2～3次
5—6月	0.3%～0.4%硼砂	防治缩果病	可连续喷2次
	0.3%～0.4%糖醇钙	防治苦痘病	套袋前连续喷3～4次
6—8月	0.3%～0.4%磷酸二氢钾	促进花芽分化和果实膨大	树体生长偏旺的果园
	0.3%～0.5%尿素	促进营养生长	树体生长偏弱、果实偏小的果园
摘袋后	0.3%～0.4%硝酸钙 + 含有机质类叶面肥	防治苦痘病、提高果实品质	出现苦痘病的果园
落叶前	1%～1.5%尿素 + 0.5%～1%硫酸锌 + 0.5%～1%硼砂	提高叶片功能	落叶前12～15天喷施
	1.5%～3%尿素 + 1%～1.5%硫酸锌 + 1%～1.5%硼砂	提高叶片功能	落叶前7～10天喷施
	4%～5%尿素 + 1.5%～2%硫酸锌 + 1.5%～2%硼砂	促进养分回流	落叶前3～5天喷施

第八节　苹果机械化开沟施肥技术

现阶段，我国苹果园施肥特别是有机肥仍以人工开沟作业为主，机械化程度低、作业强度大、施肥效率低、施肥效果差，已严重制约我国苹果产业的发展。机械施肥可以减轻劳动强度、降低人工成本，是实现苹果园减肥、提质、增效的关键措施。

一、施肥机械选择

针对人工施肥劳动强度大、效率低、效果差、有机肥与化肥混施难的问题，山东农业大学和高密市益丰机械有限公司联合研发了2FZG-2型果园双行开沟施肥机，整体结构如图6-11所示。该机可一次完成苹果树双行开沟、有机肥与化肥混合深施、覆土一体化作业，解决了机械化混合深施有机肥和化肥的难题，提高了苹果树开沟施肥效率。

图6-11　2FZG-2型果园双行开沟施肥机

2FZG-2型自走式果园双行开沟施肥机，由拖拉机牵引作业，动力来源于拖拉机，设置有机肥箱和化肥箱，有机肥采用刮板式排肥器，化肥采用螺旋排肥器。设备实现了开沟、有机肥与化肥混合深施、覆土的一体化作业，并且设备的开沟深度、开沟宽度可调，设备的载肥量大、作业效率高，实时监控有机肥与化肥施肥量。设备由作业者驾驶操控作业，设备行驶至作业区域后，作业者根据果园果树的行距及果树生长状态设置左右开沟距离、开沟深度，根据果树的营养状态及物候期往相应肥料箱中添加肥料并设置施肥量，作业者控制开沟装置下放切削土壤，肥料通过排肥器排出落入开沟装置所开的沟槽中，同时覆土装置对所开沟槽进行回填覆土，实现双行开沟施肥覆土的一体化作业。

二、作业前准备

　　一是平整果园土地，清理果园地头杂物，预留空间足够设备进行田间地头掉头。

　　二是判断果树营养状态、物候期，确定有机肥和化肥用量，根据机械行驶速度调整排肥口。

　　三是确认机具作业前进途中是否有水管、电线等地下设施，如有应标记，作业时应避开。

　　四是检查机具的电路、油路是否正常，机具离合器、紧急停车制动处于正常状态；空转机具检查有无异常。

三、开沟施肥位置和深度

　　根据果园行距设置左右开沟距离、开沟深度。条沟施肥在树冠外围滴水线附近，乔砧果园基肥开沟宽度在20～30厘米，深40～50厘米；追肥沟宽度在20～30厘米，深20～30厘米。矮砧果园基肥开沟宽度在20～30厘米，深30～40厘米；追肥沟宽度在20～30厘米，深10～20厘米。

四、有机肥料要求

液态肥和粉末状肥难以通过2FZG–2型果园双行开沟施肥机进行机械化施肥，因此机械化施肥作业通常选用颗粒状肥料。

五、施肥机械田间作业方法

机械由作业者驾驶操控作业，设备行驶至作业区域后，作业者根据果园果树的行距及果树生长状态设置左右开沟距离、开沟深度，根据果树的营养状态及物候期往相应肥料箱中添加肥料并设置施肥量。作业者控制开沟装置下放切削土壤，肥料通过排肥器排出落入开沟装置所开的沟槽中，同时覆土装置对所开沟槽进行回填覆土，实现双行开沟施肥覆土的一体化作业。作业者驾驶设备完成整行作业后，于果园地头进行掉头，继续进行开沟施肥作业，直至完成作业（图6-12、图6-13）。

图6-12　机械开沟施肥作业

图6-13　机械开沟施肥效果

六、施肥机械维护与保养

一是每次施肥作业以后，应将残留在机器内的肥料清理干净。即使第二天仍要进行施肥作业，也不要将肥料留在料斗中过夜。

二是不要将施肥机留在露天过夜，使用完以后更应放入机具库内。

三是在一个施肥周期结束后，应将撒肥作业的工作部件拆下来进行清洗，并注意清洗不能拆卸件上残留的肥料。清洗好的零部件待晾干后应涂上机油。

四是将清洗、涂机油后的零部件安装回施肥机，并用苫布或罩子将施肥机罩住，以防止灰尘落到涂机油的机件上。

五是在保养过程中，如发现有被腐蚀和损坏的零部件应立即更换，为下一次使用施肥机做好准备。

第九节　苹果园绿色高效施肥模式

以下模式是以中等肥力土壤下中等产量水平（渤海湾产区亩产3 000千克、黄土高原产区亩产2 000千克）的红富士苹果为例进行设计的，其他肥力条件、产量水平、产区和品种可参照适当增减。

一、"有机肥+配方肥"模式

（一）基肥

基肥施用最适宜的时间是9月中旬至10月中旬，对于红富士等晚熟品种，可在采收后马上进行，越早越好。

基肥施用类型包括有机肥、土壤改良剂、中微肥和复合肥等。

渤海湾产区有机肥的类型及用量：农家肥（腐熟的羊粪、牛粪等）2 000千克（约6米³）/亩，或优质生物肥500千克/亩，或饼肥200千克/亩，或腐植酸100千克/亩。

黄土高原产区有机肥的类型及用量：农家肥（腐熟的羊粪、

牛粪等）1 500千克（约5米³）/亩，或优质生物肥400千克/亩，或饼肥150千克/亩，或腐植酸100千克/亩。

土壤改良剂和中微肥：建议施用硅钙镁钾肥50 ～ 100千克/亩、硼肥1千克/亩左右、锌肥2千克/亩左右。

复合肥类型及用量：渤海湾产区建议采用高氮高磷中钾型复合肥，用量50 ～ 75千克/亩；黄土高原产区建议采用平衡型复合肥如15-15-15（或类似配方），用量40 ～ 50千克/亩。

基肥施用方法为沟施或穴施。沟施时沟宽30厘米左右、长度50 ～ 100厘米、深40厘米左右，分为环状沟、放射状沟以及株（行）间条沟。穴施时根据树冠大小，每株树4 ～ 6个穴，穴的直径和深度为30 ～ 40厘米。每年交换位置挖穴，穴的有效期为3年。施用时要将有机肥等与土充分混匀。有条件的可采用机械开沟施肥。

（二）追肥

追肥建议3 ～ 4次，第一次在3月中旬至4月中旬建议施一次硝酸铵钙（或25-5-15硝基复合肥），施肥量渤海湾产区30 ～ 60千克/亩、黄土高原产区20 ～ 40千克/亩；第二次在6月中旬建议施一次高磷配方或平衡型复合肥，施肥量渤海湾产区30 ～ 60千克/亩、黄土高原产区20 ～ 40千克/亩；第三次在7月中旬至8月中旬，施肥类型以高钾配方为主（10-5-30或类似配方），施肥量渤海湾产区25 ～ 30千克/亩、黄土高原产区15 ～ 25千克/亩，配方和用量要根据果实大小灵活掌握，如果个头够大（如红富士果实直径在7月初达到65 ～ 70毫米、8月初达到70 ～ 75毫米）则要减少氮素比例和用量，否则可适当增加。

二、"果—沼—畜"模式

（一）沼渣沼液发酵

根据沼气发酵技术要求，将畜禽粪便、秸秆、果园落叶、粉碎枝条等物料投入沼气发酵池中，按1：10的比例加水稀释，再加入复合微生物菌剂，对其进行腐熟和无害化处理，充分发酵后经干湿分离，分沼渣和沼液直接施用。

（二）基肥

沼渣每亩施用 3 000 ～ 5 000 千克、沼液 50 ～ 100 米³；苹果专用配方肥渤海湾产区建议采用高氮高磷中钾型，用量 50 ～ 75 千克/亩；黄土高原产区建议采用平衡型如 15-15-15（或类似配方），用量 40 ～ 50 千克/亩。另外，每亩施入硅钙镁钾肥 50 千克左右、硼肥 1 千克左右、锌肥 2 千克左右。秋施基肥最适时间在 9 月中旬至 10 月中旬，对于晚熟品种如富士，建议在采收后马上施肥，越早越好。采用条沟（或环沟）法施肥，施肥深度在 30 ～ 40 厘米，先将配方肥撒入沟中，然后将沼渣施入，沼液可直接施入或结合灌溉施入。

（三）追肥

追肥建议 3 ～ 4 次，第一次在 3 月中旬至 4 月中旬建议施一次硝酸铵钙（或 25-5-15 硝基复合肥），施肥量渤海湾产区 30 ～ 60 千克/亩、黄土高原产区 20 ～ 40 千克/亩；第二次在 6 月中旬建议施一次高磷配方或平衡型复合肥，施肥量渤海湾产区 30 ～ 60 千克/亩、黄土高原产区 20 ～ 40 千克/亩；第三次在 7 月中旬至 8 月中旬，施肥类型以高钾配方为主（10-5-30 或类似配方），施肥量渤海湾产区 25 ～ 30 千克/亩、黄土高原产区 15 ～ 25 千克/亩，配方和用量要根据果实大小灵活掌握，如果个头够大（如红富士果实直径在 7 月初达到 65 ～ 70 毫米、8 月初达到 70 ～ 75 毫米）则要减少氮素比例和用量，否则可适当增加。

三、"有机肥+生草+配方肥+水肥一体化"模式

（一）果园生草

果园生草一般在果树行间进行，可人工种植，也可自然生草后人工管理。人工种草可选择三叶草、小冠花、早熟禾、高羊茅、黑麦草、毛叶苕子和鼠茅草等，播种时间以 8 月中旬至 9 月初最佳，早熟禾、高羊茅和黑麦草也可在春季 3 月初播种。播深为种子直径的 2 ～ 3 倍，土壤墒情要好，播后喷水 2 ～ 3 次。自然生草果

园行间不进行中耕除草，由马唐、稗、光头稗、狗尾草等当地优良野生杂草自然生长，及时拔除豚草、苋菜、藜、苘麻、葎草等恶性杂草。不论人工种草还是自然生草，当草长到30～40厘米时要进行刈割，割后保留10厘米左右，割下的草覆于树盘下，每年刈割2～3次。

（二）基肥

基肥施用最适宜的时间是9月中旬至10月中旬，对于红富士等晚熟品种，可在采收后马上进行，越早越好。

基肥施肥类型包括有机肥、土壤改良剂、中微肥和复合肥等。

渤海湾产区有机肥的类型及用量：农家肥（腐熟的羊粪、牛粪等）2 000千克（约6米^3）/亩，或优质生物肥500千克/亩，或饼肥200千克/亩，或腐植酸100千克/亩。

黄土高原产区有机肥的类型及用量：农家肥（腐熟的羊粪、牛粪等）1 500千克（约5米^3）/亩，或优质生物肥400千克/亩，或饼肥150千克/亩，或腐植酸100千克/亩。

土壤改良剂和中微肥：建议施用硅钙镁钾肥50～100千克/亩、硼肥1千克/亩左右、锌肥2千克/亩左右。

复合肥类型及用量：渤海湾产区建议采用高氮高磷中钾型复合肥，用量50～75千克/亩；黄土高原产区建议采用平衡型如15-15-15（或类似配方），用量40～50千克/亩。

基肥施用方法为沟施或穴施。沟施时沟宽30厘米左右、长度50～100厘米、深40厘米左右，分为环状沟、放射状沟以及株（行）间条沟。穴施时根据树冠大小，每株树4～6个穴，穴的直径和深度为30～40厘米。每年交换位置挖穴，穴的有效期为3年。施用时要将有机肥等与土充分混匀。有条件的可采用机械开沟施肥。

（三）水肥一体化

渤海湾产区亩产3 000千克苹果园水肥一体化追肥量一般为：纯氮（N）9～15千克，纯磷（P$_2$O$_5$）4.5～7.5千克，纯钾（K$_2$O）10～17.5千克。黄土高原产区亩产2 000千克苹果园水肥一体化追肥量一般为：纯氮（N）6～8千克，纯磷（P_2O_5）3.5～6.0千克，纯钾（K_2O）8.0～12.0千克。

四、"有机肥＋覆草＋配方肥"模式

（一）果园覆草

果园覆草的适宜时期为3月中旬至4月中旬。覆盖材料因地制宜，作物秸秆、杂草、花生壳等均可采用。覆草前要先整好树盘，浇一遍水，施一次速效氮肥（每亩约5千克）。覆草厚度以常年保持在15～20厘米为宜。覆草适用于旱塬、山丘地、沙土地，在土层薄的地块效果尤其明显，黏土地覆草由于易使果园土壤积水、引起旺长或烂根，不宜采用。另外，树干周围20厘米左右不覆草，以防积水影响根颈透气。冬季较冷地区深秋覆一次草，可保护根系安全越冬。覆草果园要注意防火。风大地区可零星在草上压土、石块、木棒等防止草被大风吹走。

（二）基肥

基肥施用最适宜的时间是9月中旬至10月中旬，对于红富士等晚熟品种，可在采收后马上进行，越早越好。

基肥施肥类型包括有机肥、土壤改良剂、中微肥和复合肥等。

渤海湾产区有机肥的类型及用量：农家肥（腐熟的羊粪、牛粪等）2 000千克（约6米³）/亩，或优质生物肥500千克/亩，或饼肥200千克/亩，或腐植酸100千克/亩。

黄土高原产区有机肥的类型及用量：农家肥（腐熟的羊粪、牛粪等）1 500千克（约5米³）/亩，或优质生物肥400千克/亩，或饼肥150千克/亩，或腐植酸100千克/亩。

土壤改良剂和中微肥：建议施用硅钙镁钾肥50～100千克/亩、硼肥1千克/亩左右、锌肥2千克/亩左右。

复合肥类型及用量：渤海湾产区建议采用高氮高磷中钾型复合肥，用量50～75千克/亩；黄土高原产区建议采用平衡型如15-15-15（或类似配方），用量40～50千克/亩。

基肥施用方法为沟施或穴施。沟施时沟宽30厘米左右、长度

50～100厘米、深40厘米左右，分为环状沟、放射状沟以及株（行）间条沟。穴施时根据树冠大小，每株树4～6个穴，穴的直径和深度为30～40厘米。每年交换位置挖穴，穴的有效期为3年。施用时要将有机肥等与土充分混匀。有条件的可采用机械开沟施肥。

（三）追肥

追肥建议3～4次，第一次在3月中旬至4月中旬建议施一次硝酸铵钙（或25-5-15硝基复合肥），施肥量渤海湾产区30～60千克/亩、黄土高原产区20～40千克/亩；第二次在6月中旬建议施一次高磷配方或平衡型复合肥，施肥量渤海湾产区30～60千克/亩、黄土高原产区20～40千克/亩；第三次在7月中旬至8月中旬，施肥类型以高钾配方为主（10-5-30或类似配方），施肥量渤海湾产区25～30千克/亩、黄土高原产区15～25千克/亩，配方和用量要根据果实大小灵活掌握，如果个头够大（如红富士果实直径在7月初达到65～70毫米、8月初达到70～75毫米）则要减少氮素比例和用量，否则可适当增加。

苹果绿色高效施肥技术应用效果 ///

第一节　苹果绿色高效施肥技术的农学效益

　　2015—2021年，编者团队在山东烟台蓬莱区、莱山区和陕西洛川县、宜川县、彬县等苹果产地开展了苹果绿色高效施肥技术田间试验，比较了传统施肥技术和苹果绿色高效施肥技术对苹果叶片质量、产量、品质、养分利用效率的影响。

一、叶片质量

　　叶片作为果树的同化器官，其生长状况和质量直接影响果实的品质和产量。与传统施肥处理相比，苹果绿色高效施肥技术显著提高了叶片质量（图7-1）。苹果绿色高效施肥技术显著提高了叶片叶绿素含量，洛川县、宜川县、彬县、蓬莱区、莱山区绿色高效施肥处理的叶片叶绿素含量分别比传统施肥处理提高了9.55%、6.28%、6.35%、5.02%、7.02%、

图7-1　苹果绿色高效施肥技术（左）和
传统施肥技术（右）的苹果叶片

平均提高幅度为6.84%。与叶片叶绿素含量相似，叶面积和百叶重也均表现为绿色高效施肥处理显著高于传统施肥处理，平均增幅分别为9.77%和19.66%。叶片质量的高低受温、光、水、矿质营养等多种因素的影响，苹果绿色高效施肥技术通过调控肥料类型和数量，改善了树体和叶片矿质营养含量，显著提高了苹果叶片质量，为产量和品质的提升提供了保障（表7-1）。

表7-1 苹果绿色高效施肥技术和传统施肥技术对苹果叶片质量的影响

	处理	洛川县	宜川县	彬县	蓬莱区	莱山区
叶绿素含量（SPAD）	传统施肥	54.65b	57.64b	53.87b	60.53b	59.96b
	绿色高效施肥	59.87a	61.26a	57.29a	63.57a	64.17a
百叶重（克）	传统施肥	28.32b	27.98b	26.46b	32.62b	33.12b
	绿色高效施肥	35.08a	35.38a	32.05a	37.36a	37.82a
叶面积（厘米²）	传统施肥	2 814.63b	3 005.63b	3 137.16a	3 107.34b	3 183.64b
	绿色高效施肥	3 305.81a	3 324.91a	3 307.74a	3 396.64a	3 402.54a

注：不同小写字母代表差异显著（$P < 0.05$），下同。

二、果实产量和氮肥偏生产力

苹果绿色高效施肥技术的平均产量为3 783千克/亩，显著高于农民传统施肥的3 404千克/亩，增产幅度为8%～15%，平均增产增幅为11%，增产效果明显。对于单果重来说，苹果绿色高效施肥技术显著增加了果实个头，平均单果重比农民传统施肥提高了10.5%（表7-2）。

苹果绿色高效施肥技术氮、磷、钾总投入量比农民传统施肥减少了32.6%。从肥料利用效率来看，苹果绿色高效施肥技术的氮肥偏生产力为62.74千克/千克，是农民传统施肥的1.6倍。可见，苹果绿色高效施肥技术具有显著的减肥增产效果。

表7-2　苹果绿色高效施肥技术和传统施肥技术对苹果产量和品质的影响

	处理	洛川县	宜川县	彬县	蓬莱区	莱山区
产量（千克/亩）	传统施肥	3 013b	2 728b	2 890b	4 297.2b	4 093.6b
	绿色高效施肥	3 467a	3 130a	3 125a	4 875.8a	4 676.7a
单果重（克）	传统施肥	229.23b	218.12a	211.27b	248.25b	244.87a
	绿色高效施肥	252.11a	236.46a	229.71a	283.11a	272.72a

三、果实品质

与农民传统施肥相比，苹果绿色高效施肥技术显著促进了果实着色，果皮花青苷含量提高幅度达25%～40%，平均增幅为32%（表7-3）。与花青苷含量的变化趋势相一致，苹果绿色高效施肥技术也显著提高了果实可溶性糖含量，平均增幅为11%。苹果绿色高效施肥技术下果实可滴定酸含量有所下降，果实糖酸比显著升高，改善了果实风味。可见，苹果绿色高效施肥技术显著改善了果实外观和内在品质。

表7-3　苹果绿色高效施肥技术和传统施肥技术对苹果品质的影响

	处理	洛川县	宜川县	彬县	蓬莱区	莱山区
可溶性糖（%）	传统施肥	14.03b	13.63b	12.76a	14.34b	13.64b
	绿色高效施肥	15.81a	14.96a	14.34a	15.64a	15.34a
可滴定酸（%）	传统施肥	0.49a	0.51a	0.47a	0.49a	0.50a
	绿色高效施肥	0.42b	0.43b	0.41b	0.43b	0.44b
花青苷含量（毫克/千克，鲜重）	传统施肥	18.46b	20.62b	20.13a	22.83b	23.15b
	绿色高效施肥	25.82a	27.49a	26.98a	29.62a	28.93a

第二节　苹果绿色高效施肥技术的环境效益

2013—2019年，编者团队在渤海湾和黄土高原苹果产区开展了83个绿色高效施肥（养分综合管理）田间试验，试验地点涉及山东蓬莱、山东莱山、山东栖霞、山东乳山、山东荣成、山东沂源、山东沂水、陕西洛川、陕西富县、陕西黄陵、陕西咸阳、陕西旬邑、山西吉县、山西临猗、甘肃泾川、甘肃庆阳、甘肃静宁等。应用生命周期评价法评价了农民传统施肥技术和苹果绿色高效施肥技术的环境效应（表7-4）。

表7-4　不同施肥技术下苹果生产资源消耗和污染物排放生命周期清单（千克/吨）

	农民传统施肥	苹果绿色高效施肥
能源消耗（兆焦/吨）	3 936.18	2 940.05
土地（米²/吨）	335.29	297.33
水（米³/吨）	40.25	35.38
HC	0.030	0.027
CO	0.150	0.110
CO_2	310.001	214.969
NH_3	0.921	0.462
N_2O	0.336	0.189
NO_x	1.153	0.897
NO_3—	3.969	2.300
SO_x	0.878	0.574
CH_4	0.122	0.218
Ptot	0.164	0.127
NH_4—	0.450	0.298
COD	2.611	1.886
BOD	0.229	0.240
Cd	5.970E–05	1.070E–04
Pb	1.419E–03	2.643E–03
As	5.355E–07	3.801E–07

(续)

	农民传统施肥	苹果绿色高效施肥
Cu	4.276E−03	7.732E−03
Zn	0.020	0.028

一、资源消耗

可再生资源（土地和水）：每生产 1 吨苹果，农民传统施肥管理水资源和土地资源消耗分别为 40.25 米³/吨和 335.29 米²/吨，苹果绿色高效施肥技术分别为 35.38 米³/吨和 297.33 米²/吨，分别比农民传统施肥减少了 12.10% 和 11.33%。

污染物排放：苹果生产过程中排放的污染物主要以 CO_2、$NO_3{}^-$、COD、NO_x、SO_x、NH_3、N_2O 为主。主要排放物均表现为农民传统施肥管理高于苹果绿色高效施肥技术，但 CH_4、BOD、Cd、Pb、Cu、Zn 的排放量则以苹果绿色高效施肥技术较高，这主要是由于苹果绿色高效施肥技术有机肥用量较高引起的。

能源消耗：苹果绿色高效施肥技术的能源消耗为 2 940.05 兆焦/吨，比农民传统施肥管理低 25.31%。不同生产阶段所消耗的能量存在显著差异，无论是苹果绿色高效施肥技术还是农民传统施肥技术，能源消耗主要发生在农资生产阶段。从不同投入物来看，无机化肥的生产对能源消耗的贡献最大，分别占到了农民传统施肥管理和苹果绿色高效施肥技术的 65% 和 50%。

二、全球变暖

与农民传统施肥技术相比，苹果绿色高效施肥技术的全球变暖潜力降低了 28.15%。从不同投入物来看，无机化肥的生产和使用对全球变暖潜力贡献最大，分别占农民传统施肥技术的 81.43% 和苹果绿色高效施肥技术的 68.52%。但是，在苹果绿色高效施肥技术中有机肥的生产和使用引起的全球变暖潜力值占总潜力值的 13.38%。因此，将来需要进一步优化有机肥企业生产工艺，减少有机肥生产引起的碳排放。

三、环境酸化

苹果生产系统引起环境酸化的污染物主要是NH_3和NO_x和SO_x。在农民传统施肥技术中主要是NH_3，而在苹果绿色高效施肥技术中三者间无显著差异。苹果绿色高效施肥技术的酸化潜力为2.072千克SO_2当量/吨，比农民传统管理（3.417千克SO_2当量/吨）低39.36%。

四、富营养化

苹果生产系统引起富营养化的污染物主要是Ptot和NO_3-。苹果绿色高效施肥技术的富营养化潜力为1.787千克PO_4当量/吨，比农民传统施肥技术（2.872千克PO_4当量/吨）低37.78%。从不同生产阶段来看，种植阶段对富营养化潜力的贡献最大，在农民传统施肥和苹果绿色高效施肥中分别占77.37%和66.70%，主要归功于氮肥施用过程中硝态氮的径流和深层淋失。苹果绿色高效施肥技术一方面减少了氮肥用量，另一方面通过合理施用减少了氮肥的损失。因此，具有较少的污染。

五、小结

综合来看，通过优化施肥数量、施肥品种、施肥时期、施肥方法、果园土壤管理以及配套优质丰产栽培技术等措施，苹果绿色高效施肥技术在渤海湾和黄土高原产区83个试验点的结果表明，与农民传统施肥相比，苹果绿色高效施肥技术在大幅减少无机氮、磷、钾肥投入下，产量提高了12.77%，改善了果实品质，能量消耗、全球变暖潜力、环境酸化潜力和富营养化潜力分别降低25.31%、28.15%、39.36%和37.78%，具有显著的生态效益。

第三节　苹果绿色高效施肥技术应用实例

2020年和2021年，编者团队在我国苹果优势产区山东省烟台市蓬莱区刘家沟镇，选择了具有代表性的5个果园，与河南心连心化学工业集团股份有限公司联合开展了苹果绿色高效施肥试验示范。

一、苹果绿色高效施肥技术方案

该方案技术目标为稳产（4 000千克/亩）和优质（一、二级果品占比70%以上），根据目标产量和土壤肥力状况科学确定肥料用量和肥料类型，根据土壤pH确定土壤调理剂类型及用量，根据果树生长发育规律确定科学的施肥时期，以有机无机结合、控氮稳磷增钾补钙配合功能性肥料为原则，制定全年施肥方案。具体施肥方案见表7-5。

表7-5 苹果绿色高效施肥技术方案

施肥时间	肥料品种	用量	施肥方法
3月底	矿源黄腐酸钾	25～50克/棵	冲施/滴灌
	乌金菌有机肥	1千克/亩	
4月上中旬花前	高氮复合肥（24-5-11）	1～1.5千克/棵	沟施/滴灌
	中微量元素肥	0.5～1千克/棵	
套袋后15～20天（6月上中旬）	天香果色复合肥（16-13-16）	1～2.5千克/棵	
	天壤一号	0.2～0.4千克/棵	
果实膨大期（8月20日以后）	珍维多复合肥（15-5-27）/天香果色复合肥（13-5-27）	1～2千克棵	冲施/滴灌
果实膨大后期（9月中旬）	大量元素水溶肥（8-10-35+TE）	0.5～1千克/棵	
	矿源黄腐酸钾	25～50克/棵	
基肥（10月中旬）	黑力旺腐植酸复合肥（17-17-17）	2～3千克/棵	沟施
	瑞壤生物有机肥	5～8千克/棵	
	土壤调理剂	1.5～2千克/棵	

二、苹果绿色高效施肥技术效果

心连心苹果绿色高效施肥方案树体长势更加均衡稳健（图7-2），特别是在2020年春季严重干旱的情况下，树体长势明显优于果农传统施肥方案，说明该方案根系生长良好、功能强、肥料利用效率更高。心连心苹果绿色高效施肥方案平均单果重和产量分别为315克和4 064千克/亩，比果农传统施肥方案分别增加了15克和321千克/亩，果实个头明显增大，增产效果明显。而且，心连心苹果绿色高效施肥方案明显改善了果实外观品质，减少了苦痘病、黑点病、红点病等生理病害的发生，一、二级果比例比果农传统施肥方案提高了7.8个百分点，果实可溶性糖含量也显著增加，可滴定酸含量有所降低，果实糖酸比显著升高，显著提高了果实内在品质。

图7-2　心连心苹果绿色高效施肥方案田间效果

通过分析2020年和2021年的投入与产出情况，总体来看虽然减少了无机化肥的用量，但是心连心苹果绿色高效施肥方案的肥料投入成本略高于果农传统方案（表7-6）。主要原因：一是该方案选用了绿色高品质肥料，单价比传统肥料偏高，但是利用率更高，对环境的负面影响小；二是该方案增加了微生物有机肥和功能性肥料的施用量。心连心苹果绿色高效施肥方案显著改善了果实品质，苹果单价比传统施肥高0.4 ~ 0.8元/千克，且心连心苹果绿色高效施肥方案的一级和二级优质果比例更高，每亩的收入显著高于传统施肥方案。综合来看，虽然心连心苹果绿色高效施肥方案增加了肥料成本，但是通过提高品质和优质果率显著增加了收入，最终心连心苹果绿色高效施肥方案每亩的净收益比农民传统施肥增加了1 649元/亩，增产增收效果明显。

表7-6　心连心苹果绿色高效施肥方案效果（2020年和2021年）

	处理	单果重（克）	亩产量（千克）	一、二级果占比（%）	可溶性糖（%）	可滴定酸（%）	肥料成本（元/亩）
1	传统施肥	302.2	3 753	66	13.2	0.50	2 590
	心连心方案	313.4	3 997	74	14.8	0.47	2 800
2	传统施肥	308.2	3 830	69	12.9	0.46	3 100
	心连心方案	321.4	4 199	76	14.7	0.43	2 900
3	传统施肥	293.7	3 742	71	13.6	0.44	2 650
	心连心方案	314.6	4 011	79	15.2	0.43	2 850
4	传统施肥	305.3	3 660	71	14.3	0.44	2 760
	心连心方案	314.5	4 010	78	15.9	0.42	2 850
5	传统施肥	292.6	3 730	68	13.2	0.48	2 560
	心连心方案	312.9	4 104	77	14.8	0.46	2 850

参考文献

安欣, 2015. 植物生长调节剂对苹果生长、坐果和碳氮分配、利用的影响研究 [D]. 泰安: 山东农业大学.

陈建明, 2017. 微生物菌肥对苹果幼苗及花脸病树体氮素吸收利用影响的研究 [D]. 泰安: 山东农业大学.

陈倩, 2013. 土壤改良剂对平邑甜茶幼苗生长及 ^{15}N-尿素利用、损失的影响研究 [D]. 泰安: 山东农业大学.

陈倩, 2021. 腐植酸调控苹果生长及氮素吸收利用的生理机制研究 [D]. 泰安: 山东农业大学.

陈汝, 2012. 苹果园土壤微生物多样性及酵母菌新种研究 [D]. 泰安: 山东农业大学.

崔同丽, 2012. 碳氮比对苹果园土壤生物学特性和平邑甜茶幼苗生长影响研究 [D]. 泰安: 山东农业大学.

丁宁, 2012. 分次追施氮肥对苹果叶片衰老及 ^{15}N-尿素吸收、利用的影响 [D]. 泰安: 山东农业大学.

丁宁, 2015. 矮化中间砧苹果氮素吸收、利用及其对叶片衰老影响的研究 [D]. 泰安: 山东农业大学.

杜森, 姜远茂, 2020. 苹果化肥减施增效理论与实践 [M]. 北京: 中国农业出版社.

房祥吉, 2011. 灌水量、沙黏比和施肥处理对苹果 ^{15}N 吸收、利用与损失影响的研究 [D]. 泰安: 山东农业大学.

丰艳广, 2017. 磷水平和苹果砧木类型对氮、磷吸收利用的影响 [D]. 泰安: 山东农业大学.

冯敬涛, 2019. 海藻提取物对干旱胁迫下苹果幼苗抗旱性和养分吸收的影响 [D]. 泰安:山东农业大学.

葛顺峰, 2011. 苹果园土壤氮素总硝化—反硝化作用和氨挥发损失研究 [D]. 泰安:山东农业大学.

葛顺峰, 2014. 我国苹果园土壤质量现状、成因及对树体碳氮利用特性的影响 [D]. 泰安:山东农业大学.

葛顺峰, 季萌萌, 许海港, 等, 2013. 土壤pH对富士苹果生长及碳氮利用特性的影响 [J]. 园艺学报, 40(10): 1969–1975.

葛顺峰, 姜远茂, 2017. 国内外苹果产量差、氮效率差及我国苹果节氮潜力分析 [J]. 中国果树(4): 4–7.

葛顺峰, 李慧峰, 朱占玲, 等, 2021. 苹果园水肥一体化技术方案 [J]. 落叶果树, 53(1): 5–8.

葛顺峰, 朱占玲, 魏绍冲, 等, 2017. 中国苹果化肥减量增效技术途径与展望 [J]. 园艺学报, 44(9): 1681–1692.

何流, 2018. 专用配方套餐肥和黄腐酸肥料在富士苹果上的应用 [D]. 泰安:山东农业大学.

侯昕, 2020. 苹果年周期不同营养阶段碳氮分配利用特性研究 [D]. 泰安:山东农业大学.

季萌萌, 2015. 供磷水平对苹果砧木氮、磷吸收利用特性的研究 [D]. 泰安:山东农业大学.

贾志航, 2020. 苹果园土壤无机磷库特征及葡萄糖对土壤磷组分和磷素利用的影响 [D]. 泰安:山东农业大学.

姜远茂, 高文胜, 王志刚, 等, 2014. 苹果园肥水管理技术规程 [J]. 科技致富向导:2.

姜远茂, 葛顺峰, 仇贵生, 2020. 北方落叶果树养分资源综合管理理论与实践 [M]. 北京:中国农业大学出版社.

姜远茂, 葛顺峰, 仇贵生, 2022. 苹果化肥和农药减施增效理论与实践 [M]. 北京:科学出版社.

姜远茂, 葛顺峰, 毛志泉, 等, 2017. 我国苹果产业节本增效关键技术Ⅳ:苹果高

效平衡施肥技术 [J]. 中国果树 (4): 1-4, 13.

姜远茂, 葛顺峰, 朱占玲, 等, 2021. 苹果最佳养分管理技术 [J]. 落叶果树, 53(06):1-4.

姜远茂, 葛顺峰, 仇贵生, 2020. 苹果化肥农药减量增效绿色生产技术 [M]. 北京:中国农业出版社.

李秉毓, 2020. 施镁对苹果C、N吸收利用及产量品质的影响 [D].泰安:山东农业大学.

李红波, 2010. 苹果不同品种和施肥方式的 [15]N 吸收利用特性研究 [D]. 泰安:山东农业大学.

李洪娜, 2014. SH6矮化中间砧苹果幼树氮素吸收、分配及贮藏特性研究 [D]. 泰安:山东农业大学.

李晶, 2013. 供氮水平等对中间砧苹果碳氮营养利用、分配特性影响的研究 [D].泰安:山东农业大学.

李敏, 2022. 三种苹果枝物料与氮素配施对苹果氮素利用及损失的影响 [D].泰安:山东农业大学.

刘会, 2017. 不同基质和粒径微生物菌肥对苹果生长发育和氮素利用的影响 [D].泰安:山东农业大学.

刘建才, 2012. 红富士苹果不同根域空间施有机肥对 [15]N 吸收、分配和利用特性的研究 [D].泰安:山东农业大学.

刘晶晶, 2018. 苹果主产区土壤磷素状况、淋失阈值及阻遏技术研究 [D].泰安:山东农业大学.

刘照霞, 2021. 根区优化施肥对苹果生长发育及氮素吸收利用的影响 [D].泰安山东农业大学.

吕明露, 2021. 磷激活剂对胶东苹果园土壤磷有效性及植株磷吸收的影响 [D].泰安:山东农业大学.

马玉婷, 2021. 不同滴头流量、滴氮浓度和滴氮频率对苹果生长发育及氮素吸收利用的影响 [D].泰安:山东农业大学.

门永阁, 2014. 苹果 [15]N 吸收与 [13]C 分配关系及其影响因素研究 [D].泰安:山东农业大学.

彭奥翔, 2022. 鼠李糖脂改土效果及对平邑甜茶生长影响的研究 [D].泰安:山东农业大学.

彭玲, 2018. 苹果氮素适量稳定供应效用机理及其验证[D]. 泰安:山东农业大学.

沙建川, 2017. 袋控肥对苹果植株生长及氮素吸收利用的影响[D]. 泰安:山东农业大学.

孙琛梅, 2021. 胶东地区苹果园土壤质量特征及其与苹果产量和品质的关系[D]. 泰安:山东农业大学.

孙聪伟, 2013. 氮水平对不同质量芽嘎拉苹果半成苗生长及^{13}C、^{15}N 利用的影响研究[D]. 泰安:山东农业大学.

孙福欣, 2021. 不同氮肥增效剂在苹果减肥增效上的应用效果研究[D]. 泰安:山东农业大学.

田歌, 2018. 年周期苹果氮素最大效率期及营养性氮、结构性氮和功能性氮变化动态研究[D]. 泰安:山东农业大学.

田蒙, 2018. 渗灌施肥对嘎拉苹果生长发育及^{15}N-尿素吸收利用的影响[D]. 泰安:山东农业大学.

王芬, 2021. 高氮调控苹果果实碳氮代谢的机制及氮素调控技术研究[D]. 泰安:山东农业大学.

王富林, 2013. 红富士苹果营养诊断技术研究[D]. 泰安:山东农业大学.

王富林, 门永阁, 葛顺峰, 等, 2013. 两大优势产区红富士苹果园土壤和叶片营养诊断研究[J]. 中国农业科学, 46(14): 2970−2978.

王海宁, 2012. 不同苹果砧木碳氮营养特性的研究[D]. 泰安:山东农业大学.

王磊, 2010. 开张角度对红富士苹果(*Malus domestica Borkh*.cv.Red Fuji)内源激素及碳氮营养的影响[D]. 泰安:山东农业大学.

王璐, 2021. 不同有机物料对M9T337砧木生长及^{15}N吸收利用的影响[D]. 泰安:山东农业大学.

文炤, 2016. 不同形态氮素对平邑甜茶生长及^{15}N吸收、利用和损失影响的研究[D]. 泰安:山东农业大学.

吴晓娴, 2020. 微生物菌肥对苹果砧木幼苗氮、磷和钙吸收的影响研究[D]. 泰安:山东农业大学.

许海港, 2015. 施肥位置对苹果生长及氮素吸收利用的影响[D]. 泰安:山东农业大学.

于波,2018.贮藏营养对苹果生长及氮素吸收利用的影响[D].泰安:山东农业大学.

于天武,2019.苹果化肥减量增效2+X试验研究[D].泰安:山东农业大学.

张承林,姜远茂,2015.苹果水肥一体化技术图解[M].北京:中国农业出版社.

张大鹏,2012.不同滴灌施肥方案对苹果生长及^{15}N吸收、分配和利用的影响[D].泰安:山东农业大学.

张鑫,2021.磷肥用量、氮磷配施和生草对土壤磷素形态和苹果磷素利用的影响[D].泰安:山东农业大学.

周恩达,2013.淹水和起垄对平邑甜茶和红富士苹果生长及^{15}N吸收、利用的影响研究[D].泰安:山东农业大学.

周乐,2014.不同时期施氮对苹果氮素吸收利用及内源激素含量的影响研究[D].泰安:山东农业大学.

朱占玲,2019.苹果生产系统养分投入特征和生命周期环境效应评价[D].泰安:山东农业大学.

图书在版编目（CIP）数据

苹果绿色高效施肥技术 / 葛顺峰, 姜远茂, 马雪主编. -- 北京 : 中国农业出版社, 2025. 1. -- (中国主要作物绿色高效施肥技术丛书). -- ISBN 978-7-109-32411-4

Ⅰ. S661. 106

中国国家版本馆CIP数据核字第2024A2A673号

中国农业出版社出版

地址：北京市朝阳区麦子店街18号楼

邮编：100125

责任编辑：魏兆猛

版式设计：王　晨　　责任校对：吴丽婷　　责任印制：王　宏

印刷：中农印务有限公司

版次：2025年1月第1版

印次：2025年1月北京第1次印刷

发行：新华书店北京发行所

开本：880mm×1230mm　1/32

印张：4.5

字数：125千字

定价：39.00元